基层农技人员培训重点图书

计算机与现代网络应用

乔晓军　吴华瑞　刘蔓虹　编著

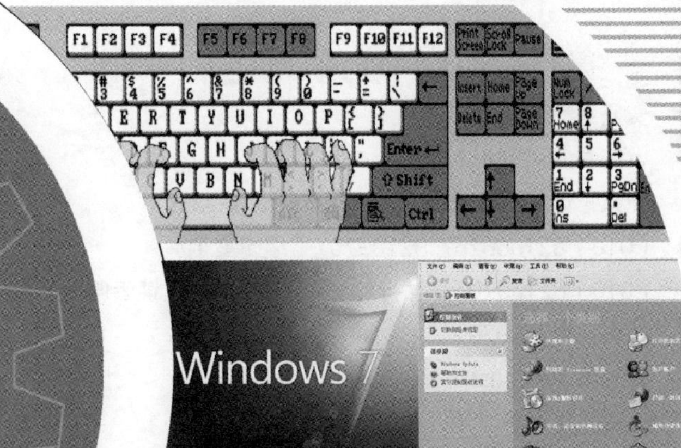

中国农业科学技术出版社

图书在版编目（CIP）数据

计算机与现代网络应用 / 乔晓军，吴华瑞，刘蔓虹编著 .—北京：中国农业科学技术出版社，2015.12

基层农技人员培训重点图书

ISBN 978-7-5116-1968-6

Ⅰ.①计… Ⅱ.①乔…②吴…③刘… Ⅲ.①计算机网络－技术培训－教材②计算机网络－终端设备－技术培训－教材 Ⅳ.① TP393

中国版本图书馆 CIP 数据核字（2015）第 008141 号

责任编辑 李 雪 史咏竹
责任校对 贾晓红
出版发行 中国农业科学技术出版社
北京市中关村南大街 12 号 邮编：100081
电 话 （010）82106626 82109707（编辑室）
（010）82109702（发行部） 82109709（读者服务部）
传 真 （010）82109707
网 址 http://www.castp.cn
印 刷 北京科信印刷有限公司
开 本 880 mm × 1230 mm 1/32
印 张 6.125
字 数 172 千字
版 次 2015 年 12 月第 1 版 2015 年 12 月第 1 次印刷
定 价 28.00 元

《计算机与现代网络应用》
编 写 人 员

主　　编：乔晓军　吴华瑞　刘蔓虹

编写人员：冯　臣　刘蔓虹　张云鹤

樊净净　冯静岩　何　皓

目录
CONTENTS

第一章 计算机概述

第二章 Windows 操作系统

第三章 计算机基础软件

第一章
计算机概述

第一节
计算机发展史简介

一、世界上第一台电子数字计算机

世界上第一台电子数字计算机（ENIAC，Electronic Numerical Integrator And Computer）由美国宾夕法尼亚大学于1946年研制成功并投入使用。

这部机器使用了18 800个真空管，长50英尺（1尺≈3.33厘米≈1.094英尺。全书同），宽30英尺，占地1 500平方英尺，重达30吨（大约是一间半的教室大，6头大象重）。它的计算速度快，每秒可从事5 000

次的加法运算，运作了 9 年之久。该计算机吃电很凶，据传 ENIAC 每次一开机，整个费城西区的电灯都为之一暗。另外，真空管的损耗率相当高，几乎每 15 分钟就可能烧掉一支真空管，操作人员须花 15 分钟以上的时间才能找出坏掉的管子，使用上极不方便。

二、计算机发展的阶段

计算机发展历史可分为 4 个阶段。

第一代：电子管时代（1946—1957 年）。这一阶段的重要特征：机器语言，汇编语言，速度低，体积大，价格昂贵，可靠性差，用于科学计算。

第二代：晶体管时代（1958—1964 年）。这一阶段的重要特征：计算机算法语言，操作系统，体积缩小，可靠性提高，从科学计算扩大到数据处理及工业控制。

第三代：中、小规模集成电路时代（1965—1970 年）。这一阶段的重要特征：体积小，可靠性大大提高，运算速度快，可达 MIPS 水平，机种多样化，“小型计算机”出现，软件技术和外设发展迅速应用领域不断扩大。

第四代：中、大及超大规模集成电路时代（1971 年以后）。这一阶段的重要特征：速度提高至 GIPS 乃至 TIPS 水平，多机并行处理和计算机网络迅速发展，“微型计算机”出现。

第二节 计算机的用途和工作原理

一、计算机的用途

现今的社会科技发达，计算机的使用已经非常普遍。计算机用途广泛，而且方便快捷，深受人们的欢迎。

计算机的好处很多，例如可以方便我们搜集资料。当我们想做一个专题习作，但又缺乏资料，只要我们上网浏览，就可以立刻找到很多与该专题习作有关的资料，非常方便。如果在学习和工作中遇到不懂的问题，只要一上网，就会有人为我们解决难题。不过，计算机也有它的坏处：如果我们长时间看计算机的屏幕，不让眼睛作适当的休息，就会影响视力；如果我们太过沉迷于网上游戏或聊天等，它也会影响我们的工作和学习。最严重的是影响了人与人之间的沟通。由于计算机实在太方便了，人们只要利用互联网便能传递彼此间的信息，甚至连通电话的时间也减少了。长此下去，人与人之间的距离感也会越来越大。

“水能载舟，也能覆舟”，只要我们懂得克服自己对计算机的迷恋，懂得分配时间，善用计算机，那么，计算机将会是我们生活上的好帮手。

二、计算机的工作原理

计算机的基本原理是存储程序和程序控制。预先要把指挥计算机如何进行操作的指令序列（称为程序）和原始数据通过输入设备输送到计算机内存储器中。每一条指令中明确规定了计算机从哪个地址取数，进行什么操作，然后送到什么地址等步骤。

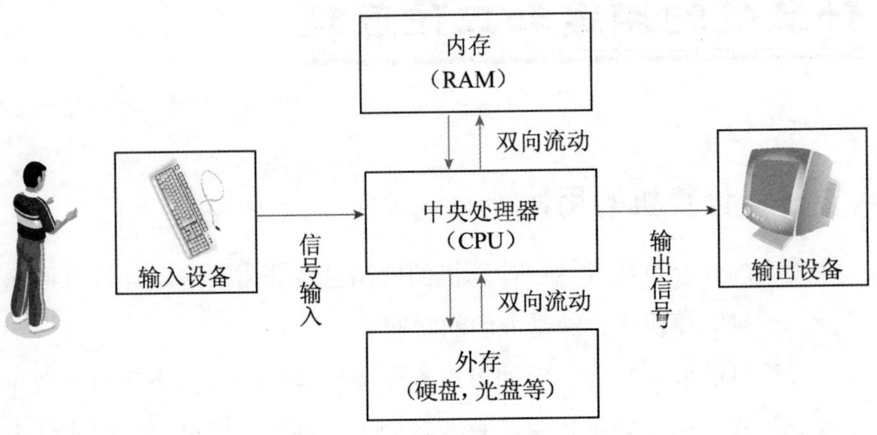

第三节 计算机基本结构

微型计算机的体积不大，但是却具有许多复杂的设计和很高的性能，并且在计算机的基本结构上几乎与大型机没有什么不同，即“麻雀虽小，五脏俱全”。它是一种模仿人脑思维工作的高科技工具，具有人脑的部分功能，所以，我们也把计算机称为“电脑”。

通常来说，计算机是由硬件系统和软件系统构成的。

硬件系统主要由中央处理器（CPU）、存储器、输入输出控制系统和各种外部设备组成。中央处理器是对信息进行高速运算处理的主要部件，其处理速度最高可达每秒几亿次操作。存储器用于存储程序、数据和文件，常由快速的主存储器（容量可达数百兆字节）和慢速海量辅助存储器（容量可达 1 011 字节以上）组成。各种输入输出外部设备是人机间的信息转换器，由输入—输出控制系统管理外部设备与主存储器(中央处理器)之间的信息交换。

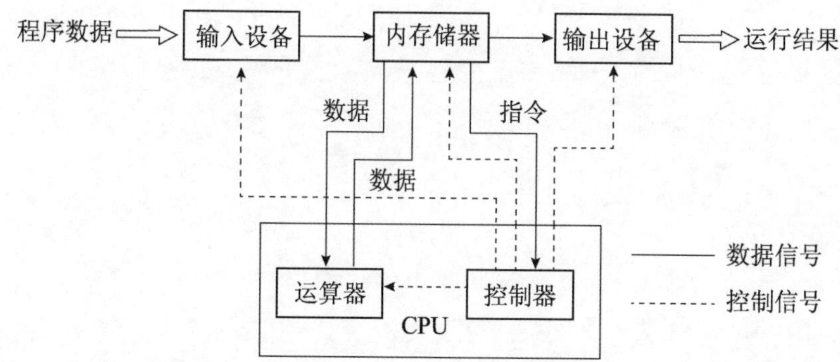

软件系统可分为系统软件和应用软件两大类别。系统软件是由计算机厂家作为计算机系统资源提供给用户使用的软件总称。其主要功能是使用和管理计算机，也是为其他软件提供服务的软件。它最接近计算机硬件，其他软件都要通过它利用硬件特性发挥作用。应用软件是专门为解决某个或某些应用领域中的具体任务而编写的功能软件。应用软件可分为专业应用软件和通用应用软件。

第四节 计算机硬件组成

台式机相对于笔记本和上网本，其体积较大，主机、显示器等设备一般都是相对独立的，通常需要放置在电脑桌或者专门的工作台上，因此命名为台式机。

笔记本电脑的英文名称为NoteBook，又称手提电脑或膝上型电脑。与台式机相比，笔记本电脑有着类似的结构组成（显示器、键盘/鼠标、CPU、内存和硬盘），但其优势还是非常明显的。其主要优点是体积小、重量轻、携带方便。一般说来，便携性是笔记本相对于台式机电脑最大的优势。一般的笔记本电脑的重量只有2千克左右，无论是外出工作还是旅游，都可以随身携带，非常方便。

一、主机的组成部分

1. 中央处理器（Central Processing Unit）

中央处理器（CPU）是计算机中的核心部件，只有火柴盒那么大，几十张纸那么厚，但它却是一台计算机的运算核心和控制核心。计算

机中所有操作都由 CPU 负责读取指令，对指令译码并执行指令。

2. 主板

主板安装在机箱内，是计算机最基本的也是最重要的部件之一。主板一般为矩形电路板，上面安装了组成计算机的主要电路系统，一般有 BIOS 芯片、I/O 控制芯片、键盘和面板控制开关接口、指示灯插接件、扩充插槽、主板及插卡的直流电源供电接插件等元件。

3. 内存

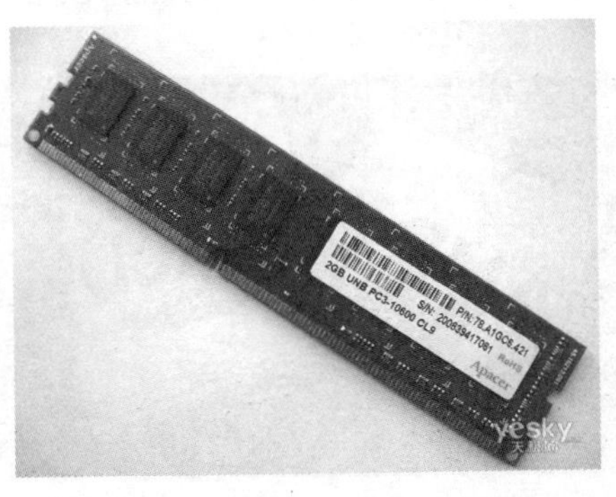

内存是计算机中重要的部件之一，它是与 CPU 进行沟通的桥梁。计算机中所有程序的运行都是在内存中进行的，因此，内存的性能对计算机的影响非常大。内存也被称为内存储器，其作用是用于暂时存放 CPU 中的运算数据以及与硬盘等外部存储器交换的数据。只要计算机在运行中，CPU 就会把需要运算的数据调到内存中进行运算，当运算完成后，CPU 再将结果传送出来，内存的运行也决定了计算机的稳定运行。

4. 硬盘

硬盘是计算机主要的存储媒介之一，由一个或者多个铝制或者玻璃制的碟片组成。这些碟片外覆盖有铁磁性材料。绝大多数硬盘都是固定硬盘，被永久性地密封固定在硬盘驱动器中。

5. 显卡

显卡是个人电脑最基本的组成部分之一，其用途是将计算机系统所需要的显示信息进行转换驱动，并向显示器提供行扫描信号，控制显示器的正确显示，是连接显示器和个人电脑主板的重要元件，是“人机对话”的重要设备之一。

6. 光驱

光驱是计算机用来读写光碟内容的机器，也是在台式机和笔记本便携式电脑里比较常见的一个部件。随着多媒体的应用越来越广泛，使得光驱在计算机诸多配件中已经成为标准配置。目前，光驱可分为

CD-ROM 驱动器、DVD 光驱 (DVD-ROM)、康宝 (COMBO) 和刻录机等。

7. 声卡

声卡是多媒体技术中最基本的组成部分，是实现声波/数字信号相互转换的一种硬件。声卡的基本功能是把来自话筒、磁带、光盘的原始声音信号加以转换，输出到耳机、扬声器、扩音机、录音机等声响设备。

二、显示器

到目前为止，显示器的概念还没有统一的说法，但对其认识却大都相同。顾名思义，它应该是将一定的电子文件通过特定的传输设备显示到屏幕上再反射到人眼的一种显示工具。从广义上讲，街头随处可见的大屏幕，电视机的荧光屏、手机、快译通等的显示屏都算是显示器的范畴，但一般指与计算机主机相连的显示设备。目前广泛应用的是液晶显示器。

三、键盘

键盘是最常见的计算机输入设备，它广泛应用于微型计算机和各种终端设备上。计算机操作者通过键盘向计算机输入各种指令、数据，指挥计算机的工作。

1. 键盘操作姿势

正确的键盘操作姿势、指法、良好的习惯是提高键盘输入速度和效率的关键。使用键盘时应当注意以下几点。

①座椅高度合适，坐姿端正自然，稍偏于键盘左方，两脚平凡，全身放松，上身挺直并稍微前倾。

②两肘和上臂贴近身体，下臂和手腕向上倾斜，与键盘保持相同的斜度。

③手指略弯曲，指尖轻放在按键基本键位上，左、右手的大拇指轻轻放在空格键上。

④按键时，手抬起，伸出要按键的手指按键，按键要轻巧，用力要均匀。

2. 正确的指法

键盘的排列是根据字母在英文打字中出现的频率而精心设计

的，正确的指法可以提高手指击键的速度，同时也可提高文字的输入速度。

（1）基准键

键盘上的字母键位置是按照各字母在文字中出现的机会多少来排列的。在 26 个字母中，选出了用得比较多的 7 个字母键和一个标点键作为基本的字键，这就是基准键也叫原位键。这 8 个键是：A、S、D、F、J、K、L 和 ; 键。以左手小指、无名指、中指和食指，右手食指、中指、无名指和小指分别控制这 8 个键位。

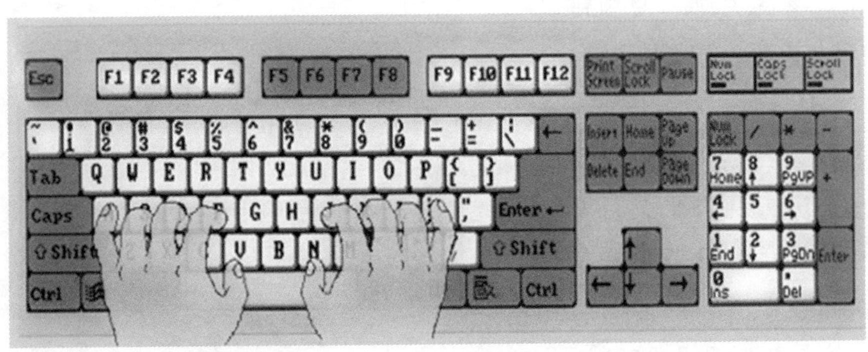

（2）凸起键

F 和 J 键上，都有微微的凸起，左、右的食指可以很容易的摸到，这样就可以使操作者很容易地将两个食指定位在这两个基准键上，这两个手指定位后，其余的手指定位就自然的放在其他基准键上，如图所示。

（3）范围键

8 个手指除了击打对应的基准键外，还击打按键划分出的范围线内所有的字符和一些符号，这些键一般称为范围键。左、右手大拇指共同负责空格键，想用哪个大拇指按键是根据需要随意的。如图所示。

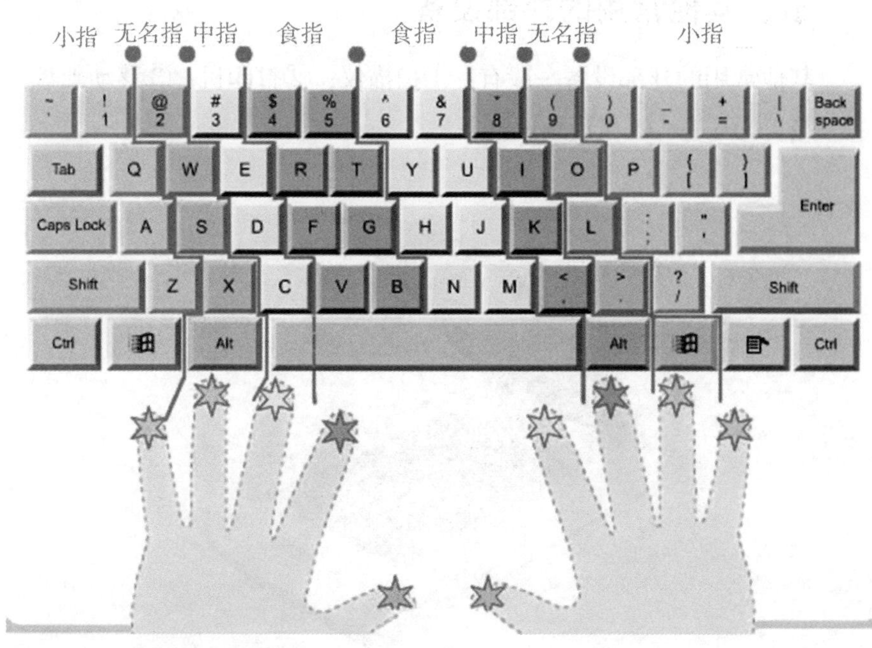

四、鼠标

鼠标因形似老鼠而得名，英文“Mouse”。鼠标的使用是为了使计算机的操作更加简便，来代替键盘繁琐的指令。

1. 鼠标的接口类型

分为串行鼠标、PS/2 鼠标、总线鼠标、USB 鼠标（多为光电鼠标）4 种。

2. 鼠标的种类

分为机械鼠标、光电鼠标、无线鼠标、3D 振动鼠标等。

五、其他常用的外部设备

其他常用的外部设备一般有：①扫描仪；②打印机；③移动硬盘；④音箱；⑤耳麦；⑥光盘刻录机。

扫描仪

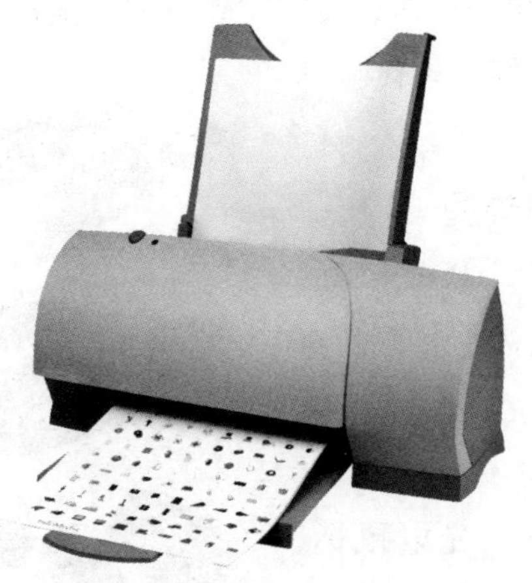

打印机

移动硬盘

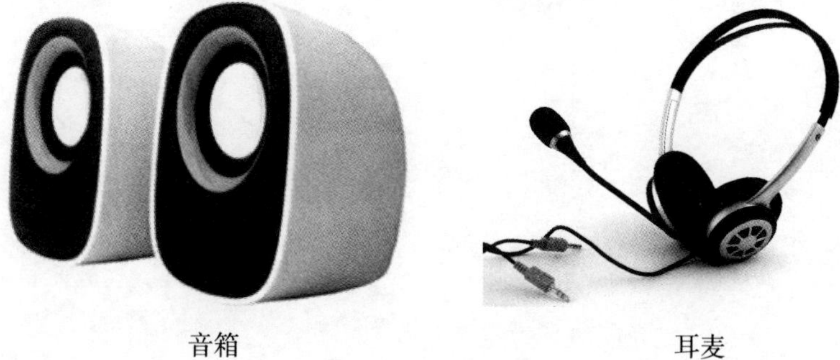

音箱　　耳麦

光盘刻录机

本章学习重点：

1. 了解计算机发展所经历的几个阶段。
2. 了解计算机的基本结构及工作原理。
3. 掌握计算机硬件的基本组成部分。
4. 掌握基本的键盘操作方法和指法。

第二章 Windows 操作系统

第一节 Windows 概述

在个人计算机的发展过程中，出现过许多不同的操作系统，如DOS、Windows、OS/2、UNIX/Xenix、Linux 等。目前常用的计算机操作系统是 Microsoft（微软）公司推出的 Windows 系列。在国内流行的版本分别经历了 Windows3.x、Windows 95、Windows 98、Windows Me/2000、Windows XP、Windows Vista 等。Windows 系列操作系统垄断了几乎 90% 的个人计算机市场，成为当前个人计算机中最流行的操作系统。

一、Windows XP 简介

Windows XP 操作系统发行于 2001 年 10 月 25 日，最初发行了两个版本：家庭版（Home）和专业版（Professional），后来又发行了媒体中心版、平板电脑版、嵌入版、64 位操作系统版及客户端版等多个版本。直至 2011 年 3 月底，Windows XP 是世界上最多人使用的操作系统，占 42% 的市场占有率；在 2007 年 1 月，Windows XP 的市场占有率曾达到最高峰，大约 76.1%。

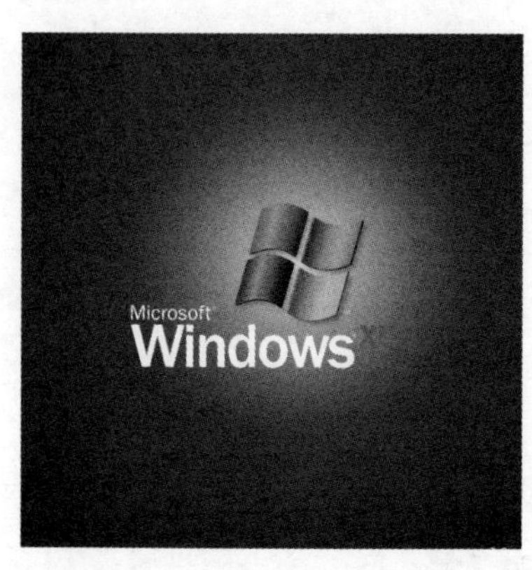

Windows XP 的特点包括：

（1）稳定可靠、界面友好

Windows XP 的信息表示以窗口为主体构造。窗口、控件都是用直观形象的图形形式在屏幕上表现，一目了然，操作便捷。对计算机资源的管理和利用也是以窗口方式进行，计算机的使用和切换极其方便。

（2）支持外部设备即插即用

安装任何新购的硬件设备，如打印机、数码照相机、手机等，只要通过 USB 口连接到计算机上，系统可以自动搜索驱动程序，它使外部设备的使用更加方便。

（3）用户权限的控制

Windows XP 使用“用户账号”来控制用户的权限，加强了多个用户使用同一台 PC 机的管理。每个用户都必须拥有已经在 Windows XP 中注册的合法的用户账户。在启动计算机时，只有正确输入该账户的用户名和密码，才能进入 Windows XP 系统，并在自己拥有的权限范围内对电脑进行操作和使用。

（4）便捷的联网手段

只要提供适当的联网硬件（如网卡）就可以使计算机成为网络计算机，直接利用 Windows XP 提供的网络功能连接到国际互联网上工作，浏览网上信息。

（5）强大的多媒体表现能力

利用 Windows XP 多媒体功能可以播放动画和影视、处理图像、录制或播放话音、音乐，同时支持多种多媒体软件的执行。

二、Windows Vista 简介

Windows Vista 是微软于 2007 年 1 月 30 日推出的个人桌面操作系统。Windows Vista 包含了上百种新功能，其中，较特别的是新版的图形用户界面和称为“Windows Aero”的全新界面风格、加强后的搜寻功能（Windows Indexing Service）、新的多媒体创作工具（例如 Windows DVD Maker），以及重新设计的网络、音频、输出（打印）和显示子系统。Vista 也使用点对点技术（peer-to-peer）提升了计算机系统在家庭网络中的通信能力，使在不同计算机或装置之间分享文件与多媒体内容变得更简单。

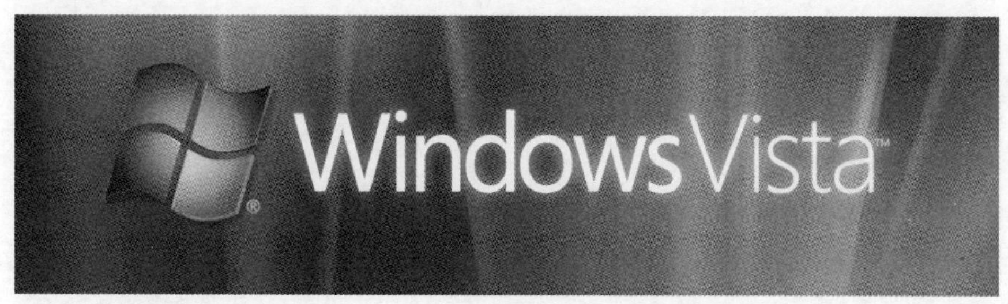

三、Windows 7 简介

Windows 7 是微软公司于 2009 年 10 月 22 日推出的 Windows 操作系统，可供家庭及商业工作环境、笔记本电脑、平板电脑、多媒体中心等使用。与以往的操作系统相比有不少的改进，比如增加多个显卡支持，提高了屏幕触控支持和手写识别，支持虚拟硬盘，改善多核心处理器的运作效率，改进了开机速度和内核，设计了新版 Windows Media Center，增强了音频功能以及 ClearType 文字调整工具、显示器色彩校正向导、桌面小工具、系统还原等控制功能。

第二节
Windows 的安装

Windows 操作系统内置了高度自动化的安装程序向导，使整个安装过程更加简便、易操作，它会自动复制所需要的安装文件，然后向硬盘复制所有的系统文件，并加载各种设备的驱动程序，用户只需要输入产品密钥、用户名称和密码等简单的信息即可完成整个安装过程。

为了方便初学者，下面以 Windows XP 为例介绍其安装与设置方法，其他 Windows 版本的安装方法基本类似。

一、准备工作

①准备好 Windows XP Professional 简体中文版安装光盘，并检查光驱是否支持自启动。

②可能的情况下，在运行安装程序前用磁盘扫描程序扫描所有硬盘，检查硬盘错误并进行修复，否则安装程序运行时如检查到有硬盘错误会很麻烦。

③用纸张记录安装文件的产品密匙（安装序列号）。

④如果原来安装过 Windows 操作系统，建议在专业人士的指导下，用驱动程序备份工具（如驱动精灵）将原 Windows XP 下的所有驱动程序备份到硬盘上，最好能记下主板、网卡、显卡等主要硬件型号及生产厂家，预先下载驱动程序备用。

⑤如果你想在安装过程中格式化 C 盘或 D 盘（建议安装过程中格式化 C 盘），请备份 C 盘或 D 盘有用的数据。

二、开始安装

➢ 将 Windows XP 安装光盘放入光驱，重新启动计算机，如下图所示。

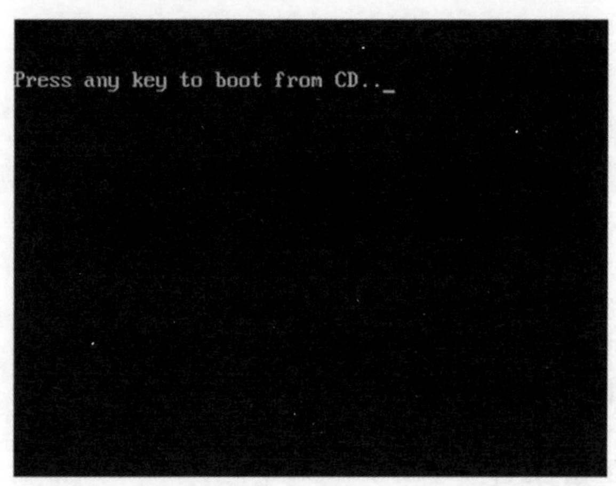

➢ 光盘自启动后，如无意外即可见到安装界面，如下图所示。

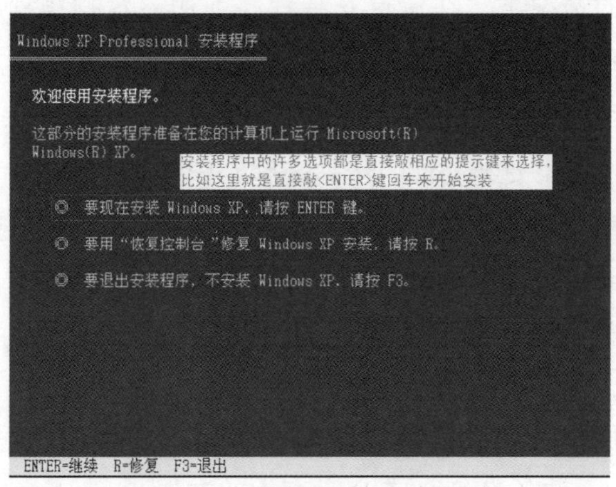

➢ 按提示“要现在安装 Windows XP, 请按 ENTER”，按回车键后，如下图所示。

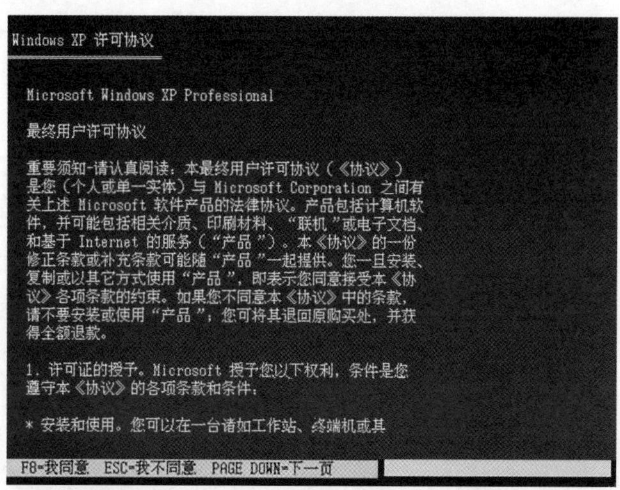

➢ 阅读完许可协议，按下“F8”键后，如下图所示。

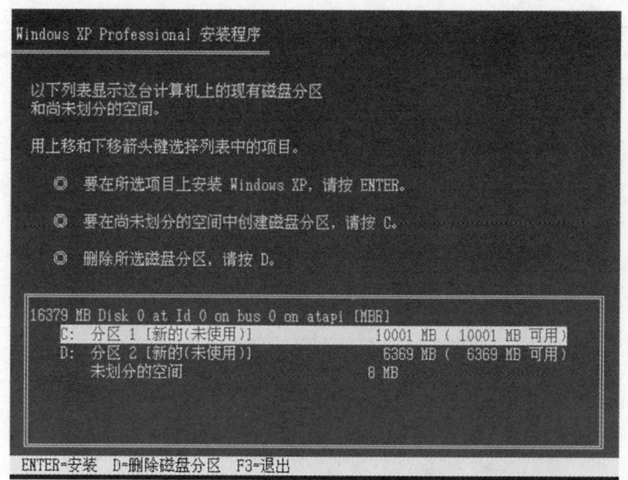

➢ 这里用“↑”或“↓”方向键选择安装系统所用的分区，如确定将操作系统安装到 C 盘，请选择 C 分区，然后按回车键，如下图所示。

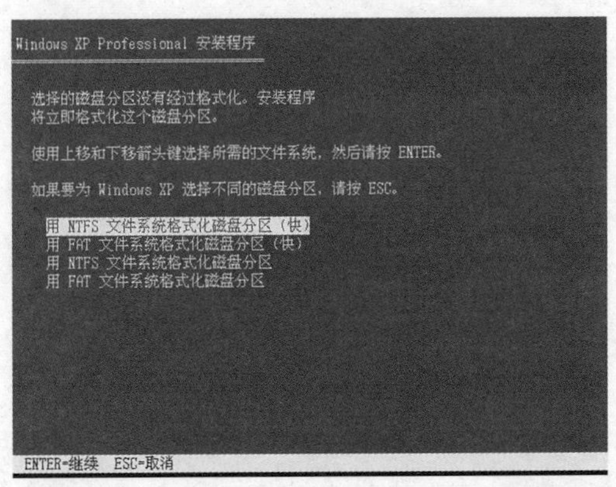

➢ 这里需要对所选分区可以进行格式化，主要由 FAT 和 NTFS 两种选择，FAT 格式是传统的文件存储格式，NTFS 是改进后的文件系统格式，能节约磁盘空间、提高安全性和减小磁盘碎片，一般选“用 NTFS 文件系统格式化磁盘分区(块)，按回车键”，出现下图所示。

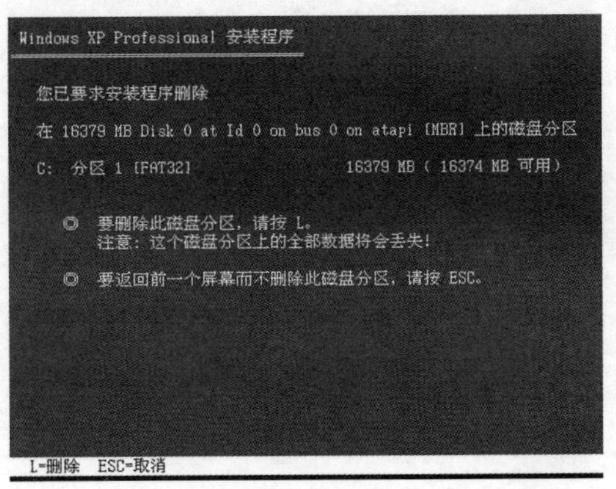

➢ 根据提示，按 F 键格式化 C 盘，出现下图所示。

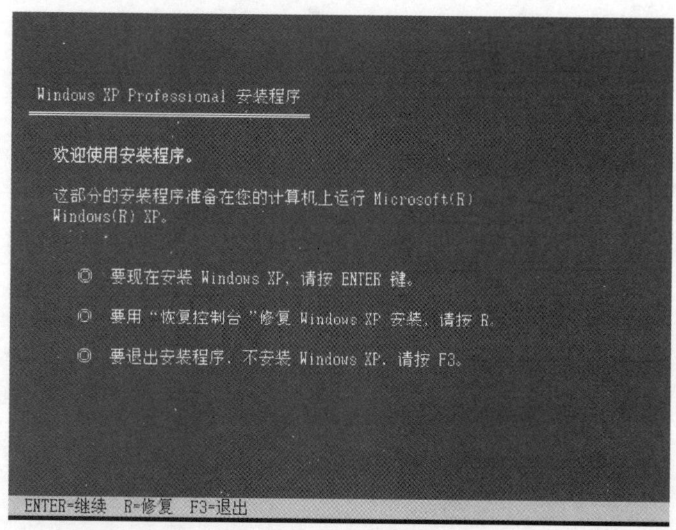

➢ Windows 将开始格式化 C 分区，会进行文件存储空间重新分配工作（下图）。

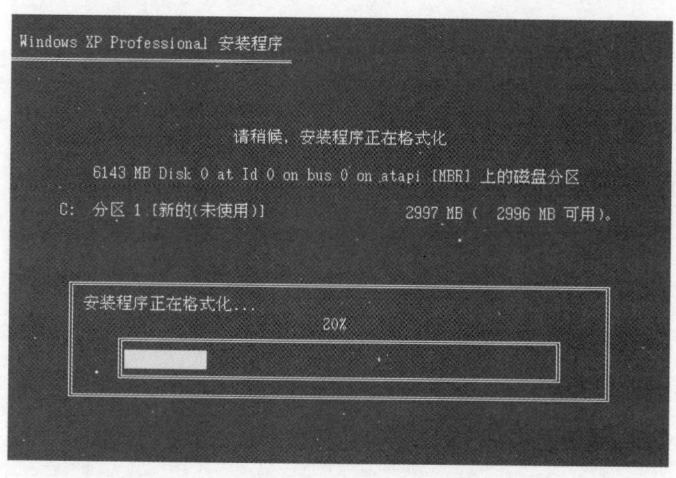

➢ 格式化 C 分区完成后，Windows 开始向硬盘复制文件，如下图所示。

Windows XP Professional 安装程序

安装程序正在将文件复制到 Windows 安装文件夹，
请稍候。这可能要花几分钟的时间。

安装程序正在复制文件...
51%

正在复制：cryptext.dll

➢ 当文件复制完后，安装程序会自动重启计算机，并开始安装的初始化工作。期间会向用户询问一些问题，比如安装语言（默认是中文）等，按提示操作即可（下图）。

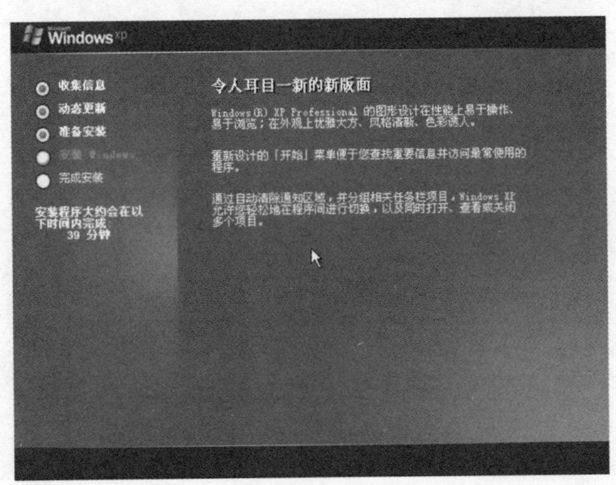

➢ 输入你的姓名和单位，姓名就是你以后注册的用户名，然后点击“下一步”按钮下图。

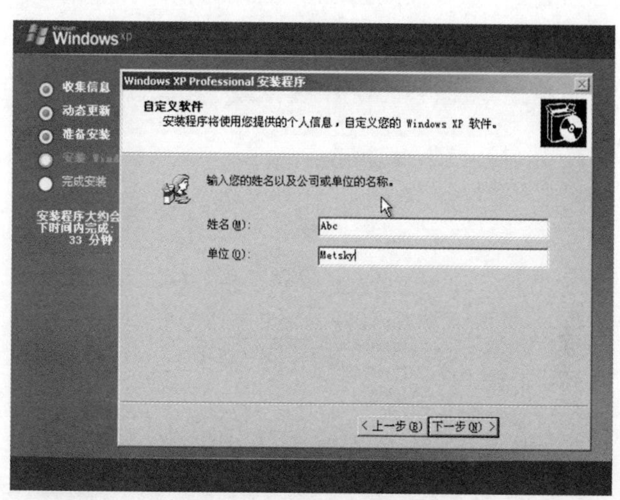

➢ 输入你预先记下的产品序列号，然后点击“下一步”按钮下图。

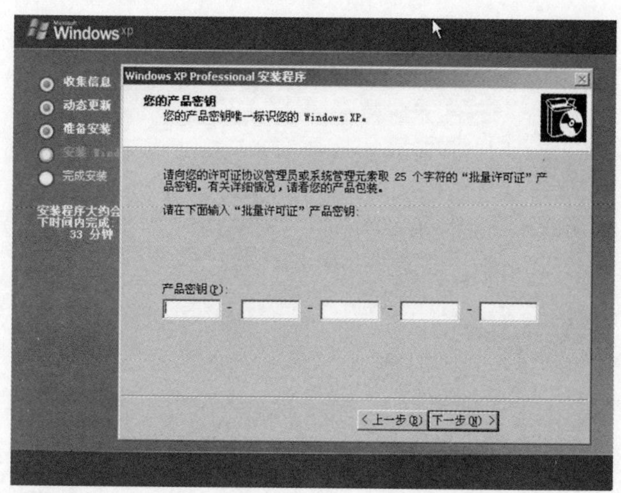

➢ 安装程序自动为你创建又长又难看的计算机名称，自己可任意更改，输入两次系统管理员密码，请记住这个密码，系统管理员在系统中具有最高权限，平时登陆系统不需要这个账号（下图）。

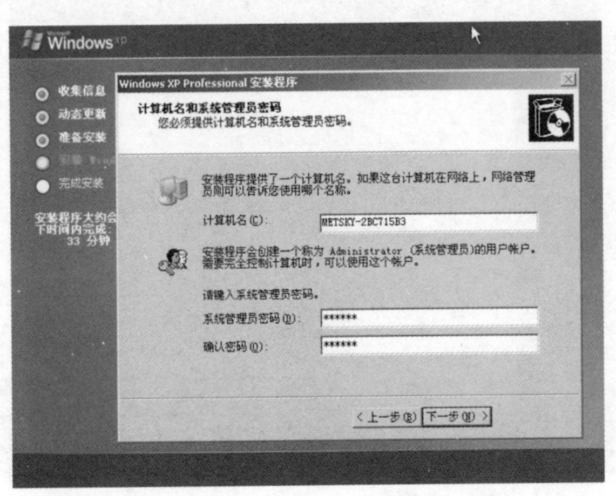

➢ 询问日期和时间设置，默认是北京时间，然后点击“下一步”按钮（下图）。

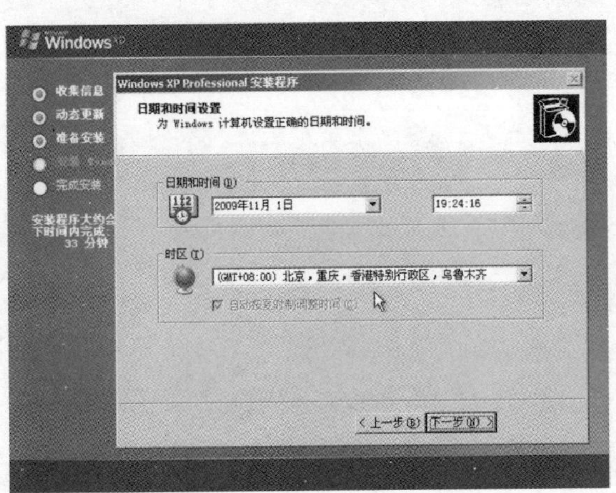

➢ 选择网络安装方式，选择“典型安装”，然后点击“下一步”按钮（下图）。

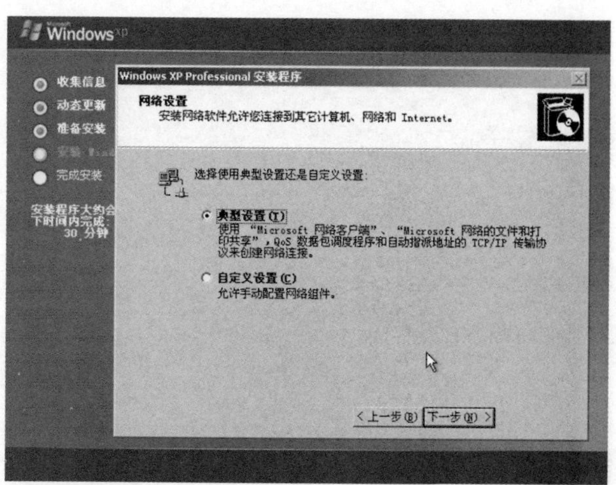

➢ 选择工作组或计算机域，默认即可。然后点击“下一步”继续安装（下图）。

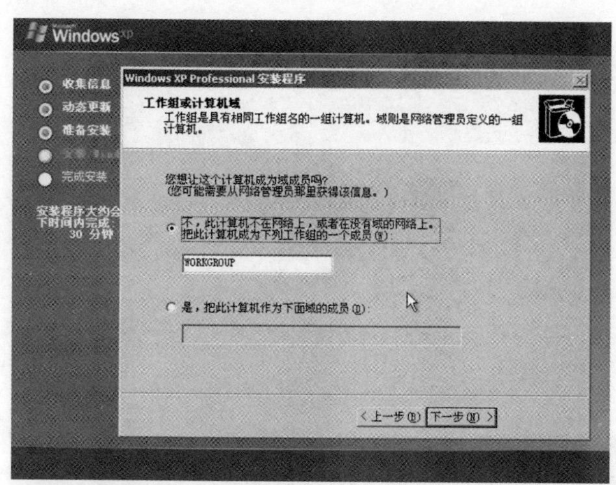

➢ 到这里后就不用你参与了，安装程序会自动完成剩余的过程，当 Windows XP 安装完成后自动重新启动计算机（下图）。

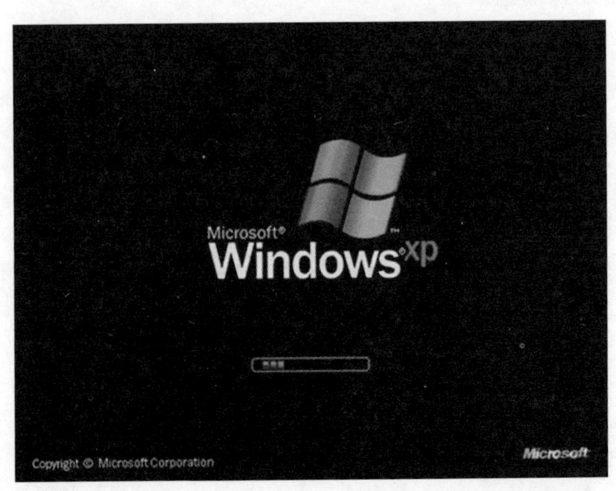

➢ 可以凭前面设置的系统管理员密码进入操作系统，如果没有设置密码，会自动进入系统，安装好的效果如下图所示。

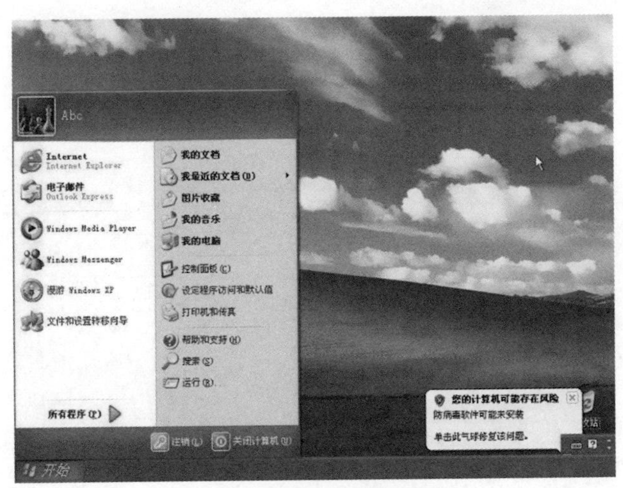

第三节 Windows 的基本操作

一、桌面与窗口

Windows XP 的桌面显示如下图所示。

Windows XP 的桌面非常简洁，包括开始按钮，回收站图标，任务栏和状态设置按钮。

单击“开始”按钮，屏幕上会出现“开始”菜单。指向“程序”，会显示出系统中所安装的所有应用程序，如下图所示。Windows XP 操作系统中的所有任务，如打开文档、自定义桌面、查找搜索和寻求帮助等，都是通过“开始”菜单来完成的。

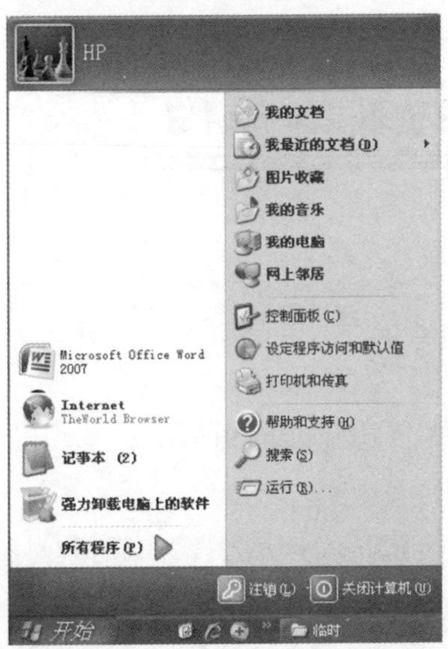

二、文件、文件夹与资源管理器

1. 选定文件或文件夹

文件或文件夹的选定是进行文件复制、移动、删除等操作的前提，可以选定一个或多个文件，操作方法如下。

➢ 单击文件夹，则选定该文件夹。

➢ 单击第一个文件或文件夹，按住键盘上的 Shift 键，再单击最后一个文件或文件夹，则将选中这两个文件或文件夹之间的所有文件，选中的文件或文件夹以高亮显示。

➢ 单击第一个文件或文件夹，然后按住键盘上的 Ctrl 键，用鼠标逐个单击要选择的文件或文件夹，选中的文件或文件夹以高亮显示。

➢ 单击“编辑”菜单中的“全部选定”命令，如果某个文件夹中有隐藏文件，系统将弹出对话框加以提示，单击“确定”按钮，选定全部文件和文件夹，窗口中的文件和文件夹以高亮显示。

2. 复制文件或文件夹

复制文件或文件夹是指将文件或文件夹从原来的位置复制到一个新的位置。Windows XP 一次可以复制多个文件或文件夹，被复制到目标处后，文件名或文件夹名不变。如果发现目标地址中已有同名文件或文件夹存在，系统将给出一个提示窗口，询问用户是否用新文件（文件夹）替换原有的同名文件（文件夹）。具体操作步骤如下。

- 选择要复制的文件夹。
- 单击“复制这个文件夹”命令。
- 选择复制到的路径。
- 单击“复制”按钮。
- 将文件夹复制到选定的文件夹中。

3. 移动文件或文件夹

移动文件或文件夹是指将文件或文件夹从原来的位置移动到一个新的位置，其操作类似于复制，具体操作步骤如下。

- 选择要移动的文件夹。
- 单击“移动这个文件夹”命令。
- 选择移动到的路径。
- 单击“移动”按钮。

4. 文件夹的建立与更名

在 Windows XP 中，文件夹像是存放文件的仓库。可以在驱动器或文件夹中创建新的文件夹，也可以为已存在的文件夹进行重命名。具体操作步骤如下。

首先创建一个新文件夹，在空白处右击，通过快捷菜单新建文件夹，或者执行窗口中的“创建一个新文件夹”命令，如下图所示。

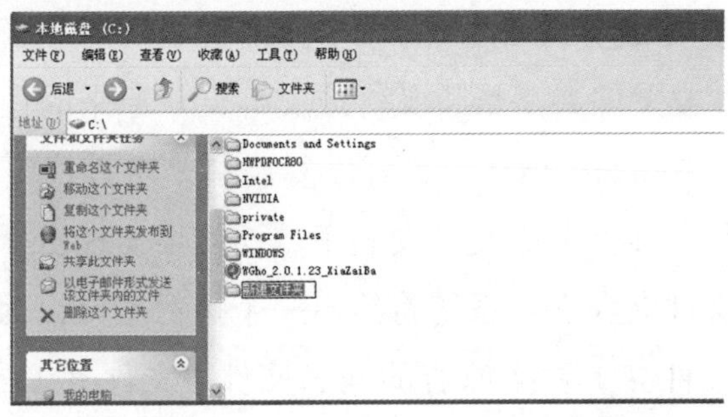

注意 Windows XP 不允许在同一文件夹中有同名文件的存在，所以如果用户更改文件名后，新的文件名与本文件夹中的另一文件同名时，Windows XP 将对此提出警告，并让用户重新输入文件的新名字。

5. 查找文件或文件夹

如果要查找一些具有某些特征的文件或文件夹时，可以按以下操作步骤进行。

➢ 打开“开始”菜单，单击“搜索”按钮，再单击“所有文件和文件夹”，如下图所示。

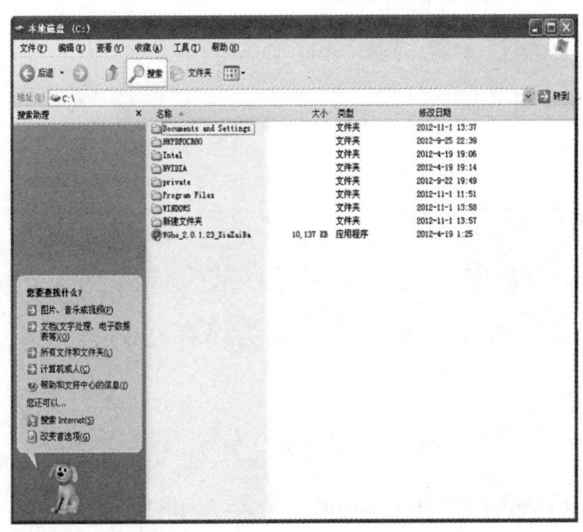

➢ 在“全部或部分文件名”中输入要查找的全部或部分文件名，在“在这里寻找”中选择要进行查找的磁盘，单击“搜索”按钮，如下图所示。

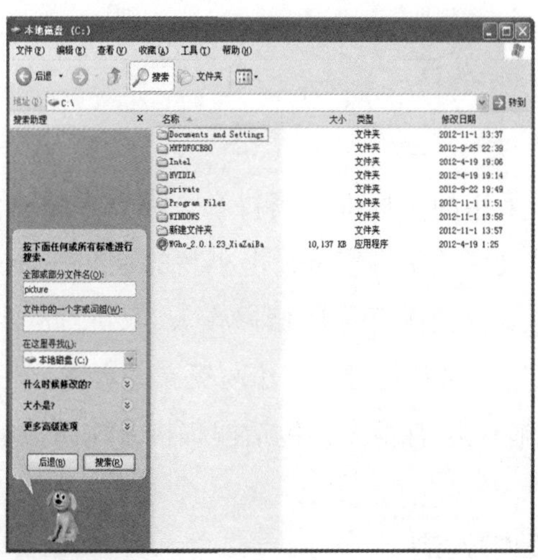

➢ 这样将显示已查找到的文件名称及所在文件夹，如下图所示。

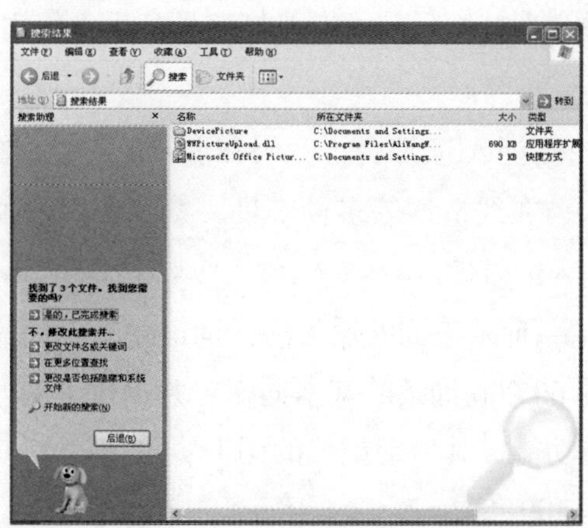

在图中窗口左边有三个选项："什么时候修改的？""大小是？""更多高级选项"。利用这三个选项，可以根据文件修改的时间和文件大小来进行查找，可以通过文件类型来进行查找，可以搜索系统文件，还可以搜索隐藏的文件和文件夹。

三、中文输入法

1. 拼音输入法

拼音输入法采用的是标准汉语拼音方案。在拼音汉字输入法中，汉字的编码就是汉字的拼音字母，由小写的英文字母 a–z 组成。拼音输入法包括全拼、简拼（又称压缩拼音）、双拼等。当用拼音输入法输入汉字时，汉字的拼音符必须用小写英文字母输入。

常用的拼音输入法有很多，包括搜狗拼音输入法、谷歌拼音输入法等。

2. 五笔字型输入法

五笔字型是王永民发明的一种形码汉字输入法。这种输入法完全不考虑汉字的读音，只根据汉字的笔画和字根等进行编码。五笔字型是一种纯形码汉字输入方法。五笔字型输入法的重码率接近于零，能够高速输入，适合盲打。目前，专业打字员几乎都使用这种输入法。

3. 其他输入法

智能输入法：智能 ABC 综合了音码和形码的特点，融合全拼、双拼、字形、词语输入、在线造词等多种工具，熟练使用这种输入法，可以大大提高汉字输入的效率。

智能 ABC 是一种基于词的输入法，词语是基本的输入单位。智能 ABC 具有一个约 60 000 词条的基本词库，并提供了动态词库，动态词库具有自动筛选功能，其自动记忆的词汇容量可达 17 000 词条，强制记忆的词汇可达 400 条。

四、控制面板

“控制面板”是 Windows XP 用来管理系统软、硬件，显示当前系统情况，设置屏幕显示效果，修改日期、时间的工具。单击“开始”按钮，再单击“控制面板”就可以打开控制面板窗口，如下图所示。

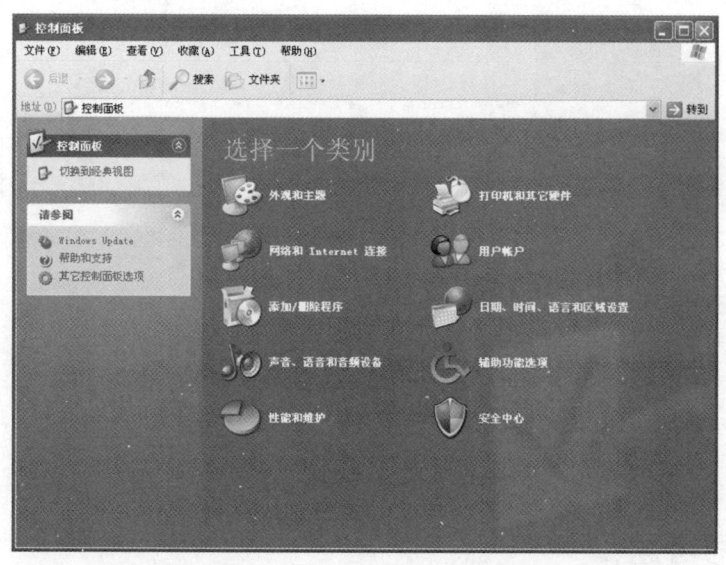

“控制面板”是用户更改各种设置的地方，传统的控制面板尽管功能强大但并不易于使用。Windows XP 的控制面板与以前 Windows 操作系统都不相同，做了比较大的改变，各种系统设置工具都被分门别类地放在“控制面板”上，因此，需要首先判断要使用的设置工具是属于哪个类别，然后再单击相应的类别才可以看到具体的设置工具。

如果对控制面板新的操作环境不熟悉，可以单击“控制面板”窗口中的“切换到经典视图”，Windows XP 将回到大家熟悉的“控制面板”窗口，如下图所示。

本章学习重点：

1. 熟练使用鼠标操作电脑。
2. 熟练掌握 Windows XP 的使用方法。
3. 熟练掌握几种常见的中文输入法。

思考题：

1. Windows XP 桌面的常用图标怎样使用？
2. 文件及文件夹的命名有什么规则？
3. 文件的复制、移动和粘贴怎样使用？这些功能有什么不同？

第三章　计算机基础软件

计算机软件就是软件公司或用户为解决某类应用问题而专门研制的应用程序，常见的软件有文字处理软件、电子表格软件、演示文档制作软件、看图软件、影音播放软件、联络通讯软件、电子阅读软件等。使用计算机其实就是使用软件，下面介绍各类常用软件的特点、使用方法和操作技巧。

第一节　文字处理软件 Word

Word 是微软公司出品的一个文字处理器应用程序，是 Microsoft Office 套件的一部分，用来处理一般性的文字编辑、打印等，是平时工作中用的最多的文字处理软件。

文字处理软件还有 WPS 和 KingStorm 等。WPS（Word Processing System）是金山软件公司的一种办公软件。它集编辑与打印为一体，具有丰富的全屏幕编辑功能，而且还提供了各种控制输出格式及打印功能，使打印出的文稿既美观又规范，基本上能满足各界文字工作者编辑、打印各种文件的需要和要求。最初出现于 1989 年，在微软 Windows 系统出现以前，DOS 系统盛行的年代，WPS 曾是中国最流行的文字处理软件，现在 WPS 最新版为 2010 个人版、企业版和 2011 校园版。在中国大陆，金山软件公司在政府采购中多次击败微软公司，现在政府、机关很多都装有 WPS Office 办公软件，在高校中由于其免费，精巧好用，也大受欢迎。

KingStorm 是金山软件公司的一套跨平台办公解决方案，这是一套基于 OpenOffice 核心技术的本地化办公软件，能在 Windows 及 Linux 上运行。它主要包含了文本文档、电子表格、演示文稿、矢量绘图等几项主要功能。KingStorm 不但能够读写 Microsoft Office 的文件格式，而且还可以将文件转换成 PDF 文档，将绘图文档转换成 swf（Flash）文件。

因多种文字处理软件的许多功能类似，使用起来大同小异，下面就以 Word 2003 版本为例，分几个方面来介绍操作方法。

一、文档的操作

1. 新建文档

启动 Word 2003 后，程序会自动创建一个空白文档，可以直接在文档中编辑内容，也可以新建一个或多个空白文档。新建空白文档的方法有以下几种。

➢ 单击“开始”任务窗格中“新建文档”按钮，在切换到“新建文档”窗格中单击“空白文档”链接，如下图所示。

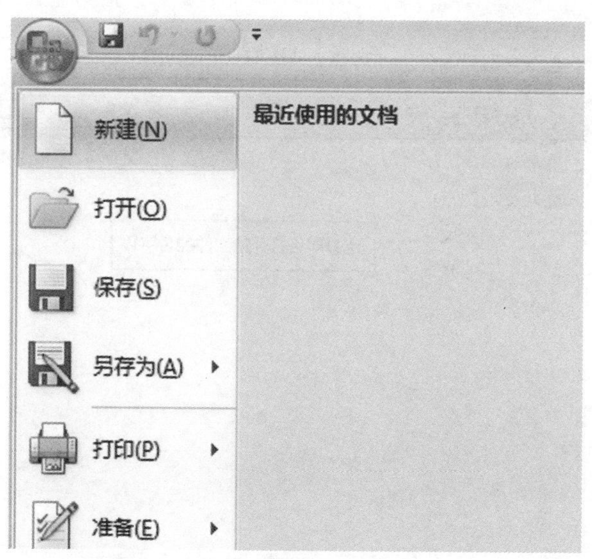

➢ 单击“常用”工具栏中的新建空白文档按钮系统会自动建立一个空白文档，标题为“文档 1”。

➢ 在键盘上按下“Ctrl+N”组合键，新建 Word 文档。

2. 打开文档

用户查看、编辑或修改一个已经存在的文档之前，必须先打开它。常用的方法有以下几种。

➢ 直接双击 Word 文档，系统会自动运行 Word 软件，并打开 Word 文档页面。

➢ 已经打开的 Word，单击“常用”工具栏上的打开按钮弹出打开对话框，如下图所示。通过操纵找到要打开的文件，选中并单击打开按钮，文档即可打开。

➢ 单击菜单“文件”→“打开”选项，同样弹出打开对话框，与上一个步骤一样。

➢ 在键盘上按下“Ctrl+O”组合键，打开 Word 文档。

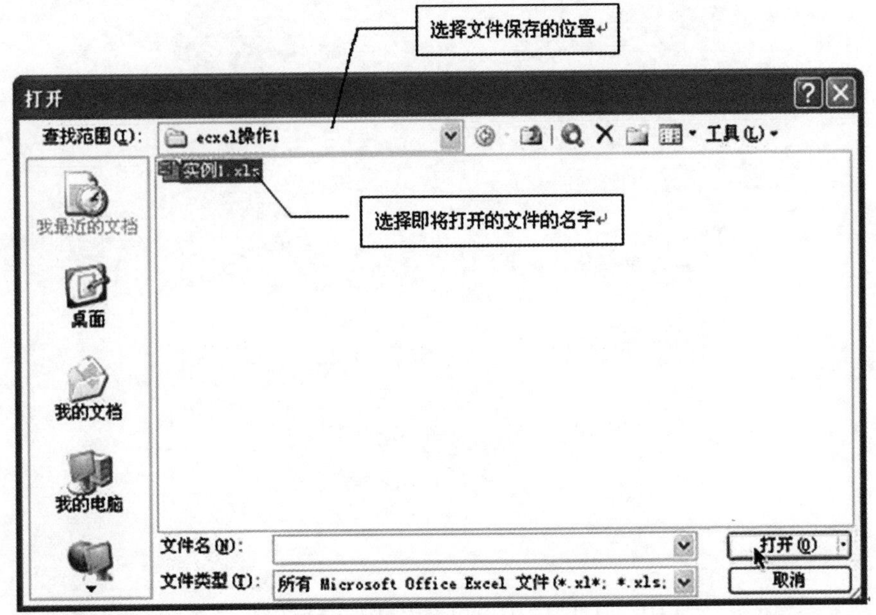

3. 保存文档

当输入完文档内容后，应对新文档进行保存。如果输入内容过大，为了避免文档因意外丢失，需要随时保存文档。保存新文档的操作方法如下。

- 单击“文件”菜单中的“保存”命令，打开“另存为”对话框。
- 在“保存位置”下拉列表框中，单击下拉列表按钮。在打开的文件夹树形结构中选择保存文档的位置。
- 在“文件名”输入框中输入文件名，在“保存类型”下拉列表框中选择文件类型，如下图所示。
- 单击“保存”按钮。如果需要将已经保存过的正在编辑的文档保存到其他位置，例如，要保存到移动硬盘上，可选择“文件”菜单中的“另存为”命令来实现。

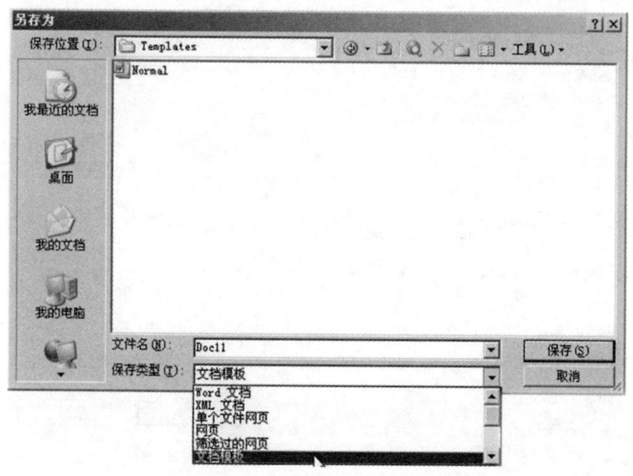

➢ 单击“文件”菜单中的“另存为”命令，打开“另存为”对话框。

➢ 在“另存为”对话框中，选择新的保存位置和输入新文件名，如下图所示。

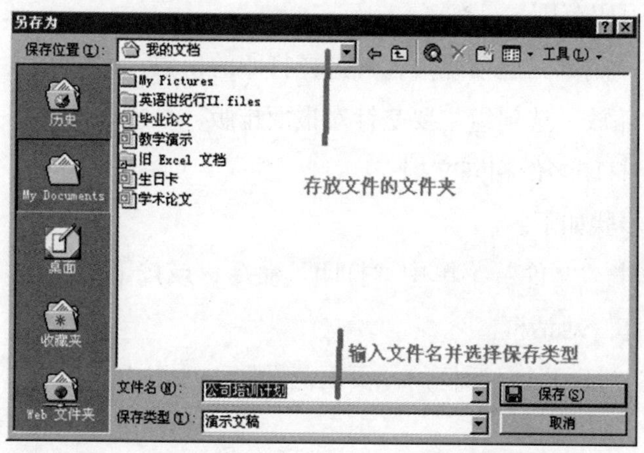

➢ 单击“保存”按钮，即按新输入的文件名保存该文件。

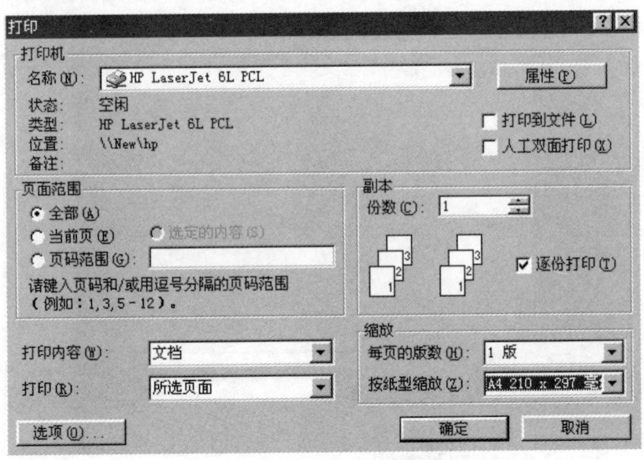

在“打印”对话框中，可进行以下打印设置（上图）：

➢ 单击“属性”按钮，设置打印机的属性。

➢ 在复选框“手动双面打印”中，选择是否进行双面打印，系统默认为单面打印。

➢ 在“页面范围”中，可选取打印的范围，总共有3种选择：全部、当前页和页码范围。

➢ 在“副本”选项组中，可选择打印的份数，系统默认为1份。

➢ “缩放”选项组主要是针对报面排版，日常并不常用。

（1）打印多份相同文档

具体步骤如下。

➢ 单击“文件”菜单中“打印”命令，或按下组合键“Ctrl+P”，打开“打印”对话框。

➢ 在“打印”对话框的“页面范围”选项组中，选中“全部”单选按钮。

➢ 在“副本”选项组的“份数”文本框中，输入要打印的份数。

➢ 单击“确定”按钮，开始打印。

（2）打印选定的文本

具体步骤如下。

➢ 要打印文档中的某个图片、表格或某段文字时，先选中要打印的内容，即用鼠标使其高亮度显示。

➢ 在“打印”对话框中，选中“所选内容”单选按钮，如下图所示。单击“确定”按钮，开始打印。

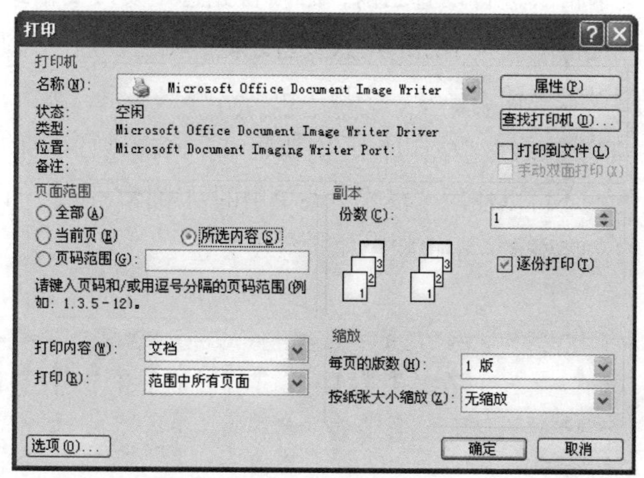

（3）打印指定页

打开“打印”对话框，选中“页码范围”单选按钮，接着在文本框中输入准确的页码范围，页码之间用逗号“，”分隔，然后单击“确定”按钮。

（4）连续打印多篇文档

单击“常用”工具栏上的打开按钮，出现“打开”对话框。在该对话框中，选中多个需要打印的文件（按住Shift键，并单击所选文件），接着在选中文件上右击打开快捷菜单，单击“打印”命令。

二、基本排版操作

文档排版需要对文档进行格式设置，包括设置字体格式、段落格式和页面格式。如果对 Word 的默认格式不是很满意，需要进行重新设置，如设置文字的字体、字号与颜色及段落的文本对齐方式等。

1. 设置文字格式

在对文字格式进行设置之前，必须首先选定要改变格式的文字。格式工具栏提供了一些常用的格式设置工具，如下图所示，通过工具栏可以快速设置字体、字号、字型（包括常规、加粗、倾斜、加粗并倾斜等）、加下画线、添加边框、添加底纹，并能进行字符缩放，改变文字颜色，还可以使用“格式”菜单中的“字体”命令，设置具有特殊效果的文字格式、字符间距和动态效果等。

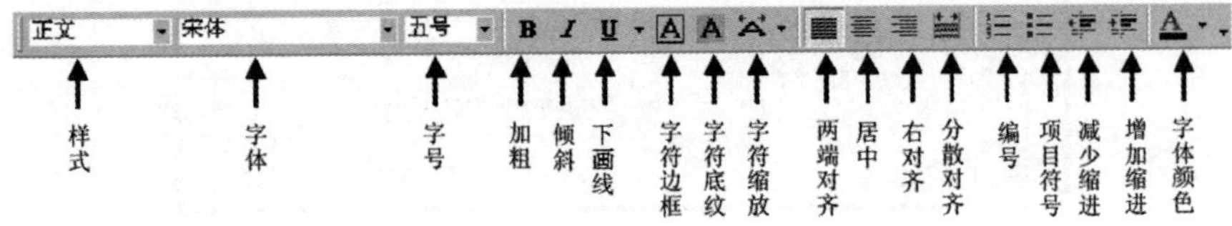

2. 设置字体

设置字体的具体方法如下。

➢ 选取需要改变字体的文本内容。

➢ 在“字体”下拉列表选择框内，单击下拉列表按钮，列出所有字体，如下图所示。

➢ 从字体列表中选择所需要的字体名称，选定的文字将变为相应的字体。

3. 设置字号

设置字号的具体方法如下。

➢ 选取要改变字号的文本内容。

➢ 在“字号”下拉列表框内，单击下拉列表按钮，列出字号选择表，如下图所示。

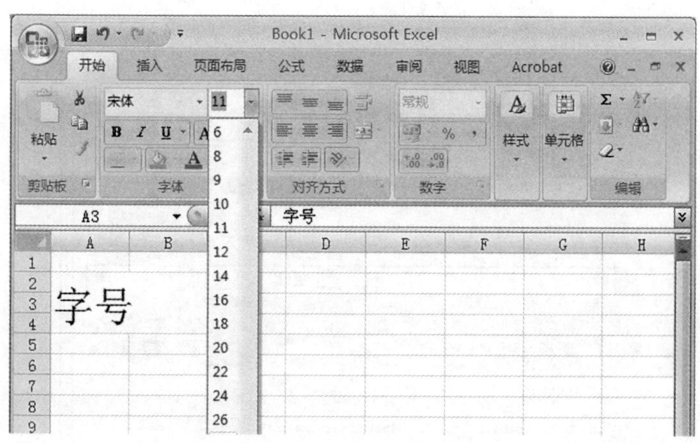

➢ 从字号下拉列表中选择所需要的字号，完成字号的设置。

4. 文本加粗、倾斜及下画线

工具栏上提供了“加粗”“倾斜”“下画线”“字符加框”“字符底纹”和“字符缩放”等按钮。若要对已选定的文本设置“加粗”“倾斜”“下画线”等效果，只要单击相应的按钮即可。在下图中，对文本“春天”设置了“加粗”“倾斜”等效果。

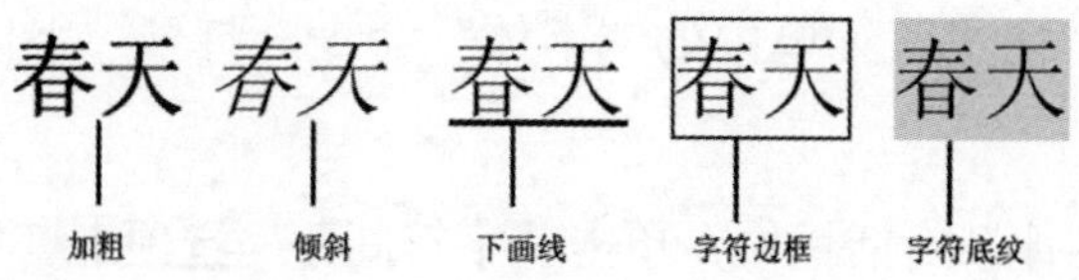

5. 字符间距与特殊效果的设置

在 Word 2003 的“字体”对话框中，可以设置中文字体、英文字体、字形、字号和颜色，还可以设置文字特殊效果，如设置阴影、空心、阳文、阴文以及其他效果。在其“字符间距”选项卡中，可以进行“缩放”“间距”“位置”等设置。

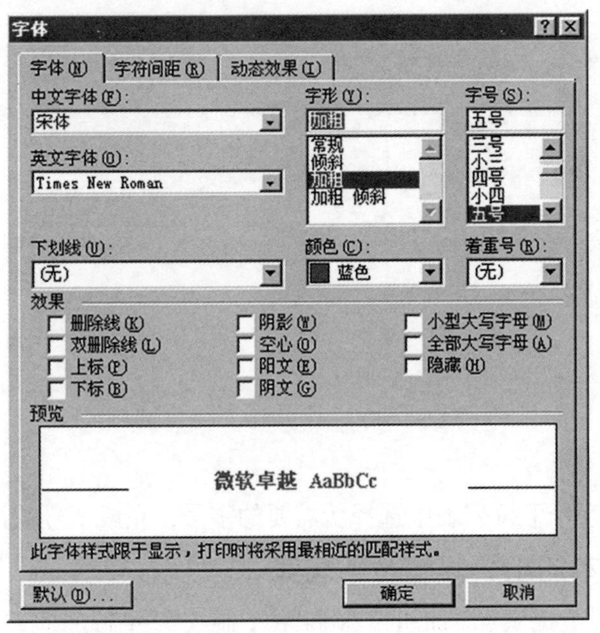

对于字符位置与间距调整，可以利用“字体”对话框来实现。可进行如下操作。

➢ 选取要进行字符位置与间距调整的文本内容。

➢ 单击“格式”菜单中的“字体”命令，打开“字体”对话框，如上图所示。

➢ 在“字体”对话框中，单击“字符间距”选项卡，如下图所示。

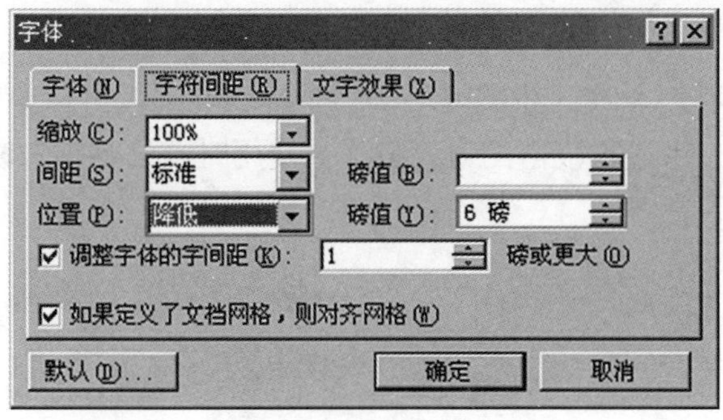

➢ 设置适当的字符位置与间距值。

➢ 单击“确定”按钮。

6. 设置文字特殊效果

➢ 选取要设置特殊效果的文本内容。

➢ 单击“格式”菜单中的“字体”命令，打开“字体”对话框。

➢ 在“字体”对话框中，单击“字体”选项卡。

➢ 在效果选择区内，选中某种效果，然后单击“确定”按钮，如下图所示，表示了一些特殊的设置效果。

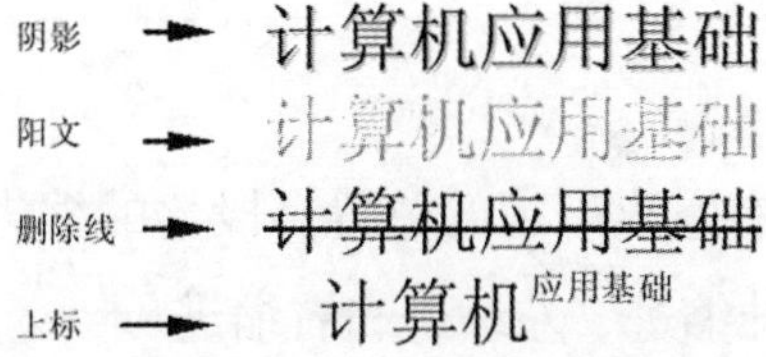

计算机应用基础 ← 空心
计算机应用基础 ← 阴文
计算机应用基础 ← 双删除线
计算机应用基础 ← 下标

7. 设置文本对齐格式

Word 2003 还可以对“段落”设置格式。段落是构成文章的基础，一个段落是指以回车键结束的一个图形或一段文字。段落格式包括文本对齐、缩进大小、行距、段落间距等。

Word 2003提供了5种段落对齐方式，即左对齐、右对齐、两端对齐、居中对齐、分散对齐。用户可以利用格式工具栏上的段落对齐按钮，如下图所示，来进行段落的对齐操作。使用时，只要单击该按钮即可。

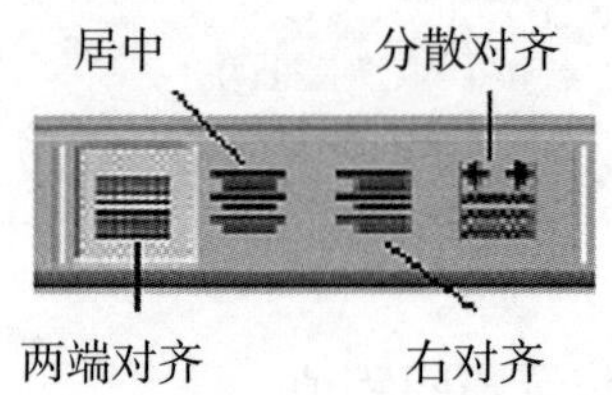

两端对齐：使左端和右端的文字对齐，是Word默认设置。

居中对齐：使当前段中的文字居中，一般用于文档的标题、页眉等格式设置。

右对齐：使当前段中的各行沿右边界对齐，一般用于文档末尾的署名等。

左对齐：使当前段中的各行沿左边界对齐。

分散对齐：使当前段中的文字均匀地分散并在两端对齐，一般应用在英文版式中。

8. 设置段落的缩进格式

段落缩进技术是使段落向左或向右空出一定的位置。段落的缩进方式共有4种，分别为首行缩进、悬挂缩进、左缩进和右缩进。

（1）利用标尺进行缩进

段落缩进可以利用文档窗口的水平标尺进行设置。在水平标尺中有“悬挂缩进”、“左缩进”、“首行缩进”和“右缩进”几个缩进标志，如下图所示，通过鼠标来移动它们就可以快速地调整段落的缩进量。

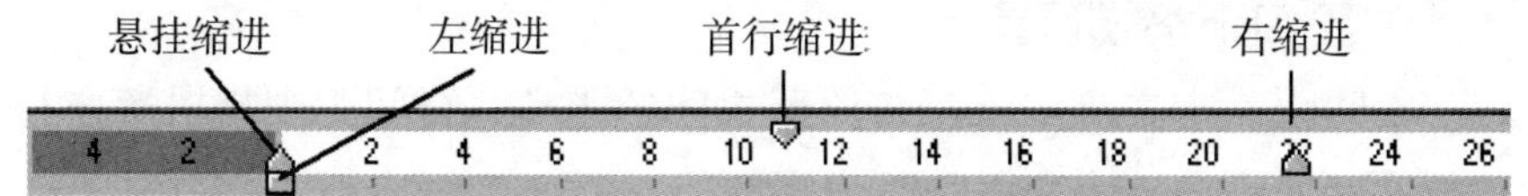

首行缩进：将段落的第一行进行缩进处理，使其文字向里缩进一定距离。

悬挂缩进：该操作就是某一段落中除第一行不缩进外，其余各行均向里缩进一定的距离。在标尺的左侧下方有一个标记，它分为两部分，上半部分是一个三角标记，该标记就是悬挂缩进标志符。用鼠标拖动悬挂缩进标志符，即可得到悬挂缩进的效果。

左缩进：将段落左侧均向里面移动一定的距离。悬挂缩进符下半部分的方型标记就是左缩进标志符。用鼠标拖动左缩进标志符，即可得到左缩进的效果。

右缩进：与左缩进相似，右缩进是指段落右侧均向里缩进一定的距离。用鼠标拖动右缩进标志符，即可完成右缩进操作。

（2）使用工具栏上的缩进按钮改变缩进量

在“格式”工具栏上，有两个处理缩进量的按钮：一个是减少缩进量按钮；另一个是增加缩进量按钮。单击其中一个按钮，即可实现缩进量的增加或减少。

（3）利用“段落”对话框设置缩进

利用“段落”对话框也可以实现段落缩进处理，其操作步骤如下：

➢ 单击“格式”菜单中的“段落”命令，打开“段落”对话框。

➢ 在“段落”对话框中的“缩进”选择区，对“左”、“右”等项分别设定合适的缩进量，同时在对话框中的“预览”框内可观察其效果。

➢ 单击“确定”按钮，完成缩进处理。

9. 段间距格式设置

段间距是指文章中段落与段落之间的距离，行间距则指段落中行与行之间的距离，改变段间距步骤如下。

➢ 将光标定位到需要改变的段落中。

➢ 单击“格式”菜单中的“段落”命令，打开“段落”对话框。

➢ 在“段落”对话框中的“间距”选择区，设置“段前”，选择段落与前一段落的距离；设置“段后”，选择段落与后一段落的距离，同时在“预览”框中可观察其效果。

➢ 设置完成以后，单击“确定”按钮。

三、图文混排操作

Word 2003 提供了强大的图文混排功能。在 Word 2003 文档中可以插入多种格式的图片，使编辑出的文档图文并茂，形象生动。存储图形的格式多达数 10 种，但 Word 2003 并不支持有些类型的图形文件。Word 2003 可以识别的主要图形文件类型如下表所示。

类型	说　明	类型	说　明
.bmp	Windows 位图	.pct	Macintosh PICT 文件
.cgm	计算机图形图元文件	.pic	Lotus 1-2-3 Graphics
.gif	CompuServe GIF	.wmf	Windows 图元文件
.hgl	HP 图形语言文件	.wpg	WordPerfect 图形文件
.pcx	PC Paintbrush 文件		

1. 插入图片

（1）插入剪贴画

剪贴画是 Office 2003 自带的图形库，用户可以直接利用其中的图形来编辑文档。插入剪贴画的操作步骤如下。

➢ 在文档中定位到需插入剪贴画的位置,单击“插入”菜单中的“图片”级联菜单的“剪贴画”命令（或单击“绘图”工具栏上插入剪贴画按钮），打开“剪贴画”任务窗格，如下图所示。

➢ 在“剪贴画”任务窗格的“搜索文字”栏设置搜索关键字(如“学习”)，再设置好搜索范围和结构类型，单击“搜索”按钮搜索指定位置的剪贴画，如下图所示。

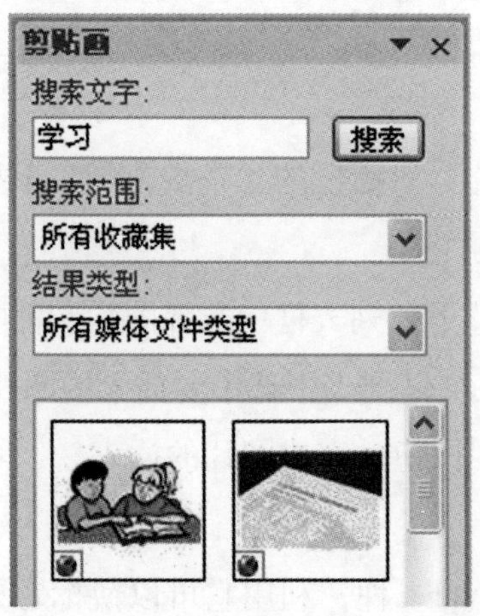

➢ 在搜索的结果中单击需插入的剪贴画，即可将其插入到文档中。双击插入的剪贴画，可打开“设置图片格式”对话框，切换到“版式”选项卡，可设置该剪贴画与文字的环绕方式。

（2）插入来自文件的图片

操作方法如下。

➢ 在文档中定位到需插入图片的位置，单击“插入”菜单中的“图片”级联菜单中的“来自文件”命令，打开“插入图片”对话框，如下图所示。

➢ 在“插入图片”对话框的“查找范围”下拉列表框中，找到要插入的图片所在的文件夹。

➢ 在“文件类型”下拉列表框中选择图片文件的类型，通常可选“所有图片”。然后，在文件列表中选中要插入的图片文件。

➢ 单击“插入”按钮，完成图片的插入。

2. 插入艺术字

艺术字也算图片的一种，利用它可以使标题更加活泼、美观。其操作步骤如下。

➢ 确定艺术字插入点的位置。

➢ 单击“插入”菜单中的“图片”级联菜单中的“艺术字”命令；或单击“绘图”工具栏上的插入艺术字按钮。打开“艺术字库”对话框。

➢ 在“艺术字库”对话框中，选择一种艺术字样式，如下图所示。

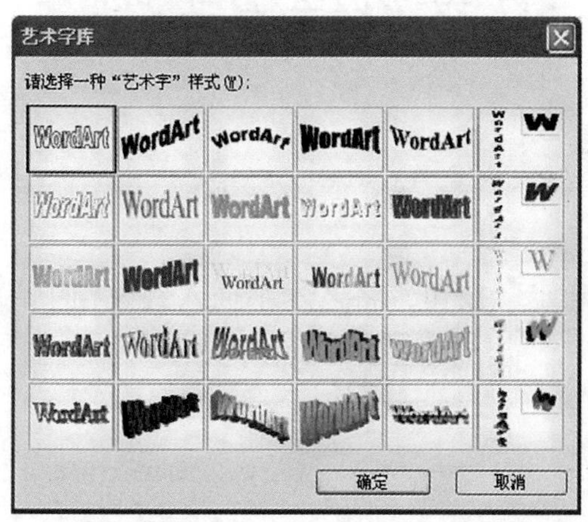

➢ 单击“确定”按钮，或双击所需要的样式，打开“编辑‘艺术字’文字”对话框，如下图所示。

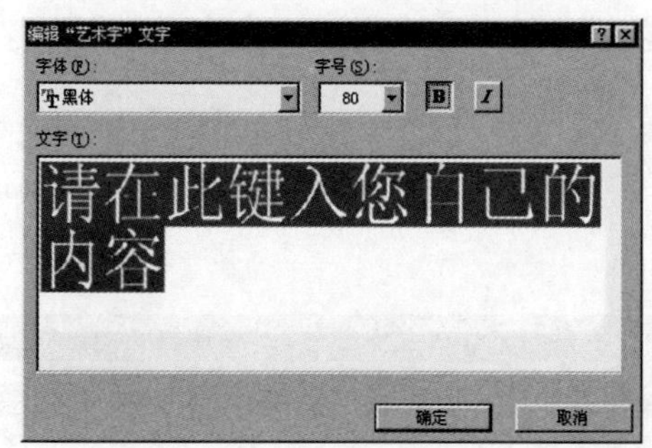

➢ 在“文字”文本框中输入要编辑的文字内容，然后在“字体”和“字号”下拉列表框中选择所需字体和字号，再选择是否将其加粗或倾斜，如下图所示。

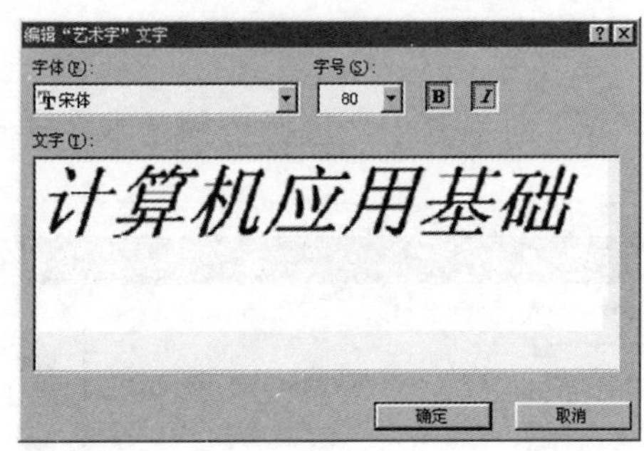

➢ 单击“确定”按钮，将艺术字插入到文档中，其效果如下图所示。

计算机应用基础

选中插入的艺术字后，Word 2003 会自动打开“艺术字”工具栏，如下图所示，用户可对艺术字进行样式、文字内容、方向、颜色及形状的调整和修饰。

3. 绘制图形

Word 2003 除了允许在文档中插入图片外，还允许用户在文档中绘制图形。Word 2003 为绘制图形提供了一个功能丰富的“绘图”工具栏。利用“绘图”工具栏上的绘图工具，可以非常方便地画出正方形、矩形、多边形、直线、曲线、圆、椭圆、箭头、标注等各种形状的图形，同时还可对画出的图形进行处理。利用绘图工具绘制图形的步骤如下。

➢ 单击“常用”工具栏上的绘图按钮，或者单击“视图”菜单中的“工具栏”级联菜单中的“绘图”命令，打开“绘图”工具栏，如下图所示。

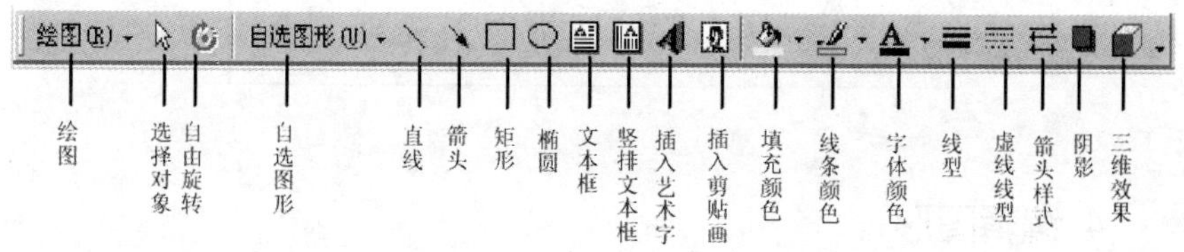

➢ 单击所需图形的绘图工具按钮，此时窗口编辑区会出现一个“画布”。用户可在画布的区域中进行绘制，也可在其外进行绘制，当在画布外绘制图形时，画布会自动消失。用户可在画布中绘制多个图形，这些图形将作为一个整体对象可随画布移动。

➢ 将鼠标移到编辑区时，光标会变成“十”字形状。然后按住鼠标左键并进行拖动，当释放鼠标后即可在指定位置按所选绘图工具绘出相应的图形。

例如，利用“绘图”工具栏中的“自选图形”、“直线”、“箭头”、“矩形”和“椭圆”等按钮，可方便地绘制各种简单的图形。在绘制图形的过程中，注意掌握以下绘图技巧：

➢ 如果在按住 Shift 键的同时拖动鼠标，就可以绘制出一个标准图形，例如，使用矩形按钮可绘制正方形，使用椭圆按钮可绘制标准圆等。

➢ 如果希望固定圆心，则单击圆心位置，按住 Ctrl 键向外拖动鼠标即可。

➢ 如果要多次使用同一个绘图工具绘图，则双击该工具按钮即可。

利用“绘图”工具绘制的一些图形如下图所示。

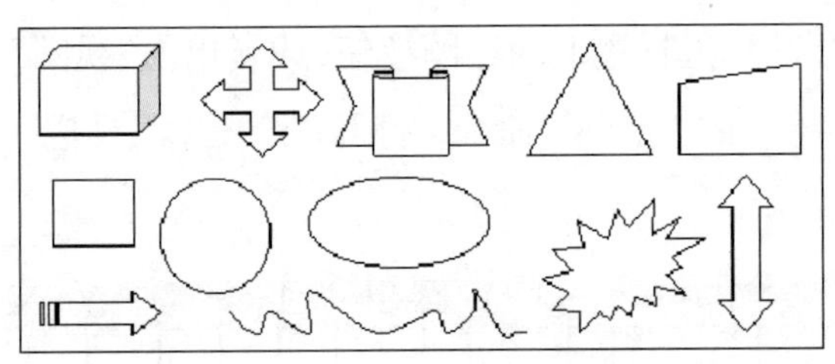

4. 编辑图形

在 Word 2003 中编辑图形，可以从图形的选定、改变线条的颜色、改变图形的大小和形状等多个方面来处理。

（1）选中一个图形

➢ 选中一个图形。将光标移到图形上，当它变为“⁘”形状时，单击即可选中，选中的图形四周有 8 个控制点（直线除外，只有两个）。在下图中，选中的图形是圆。

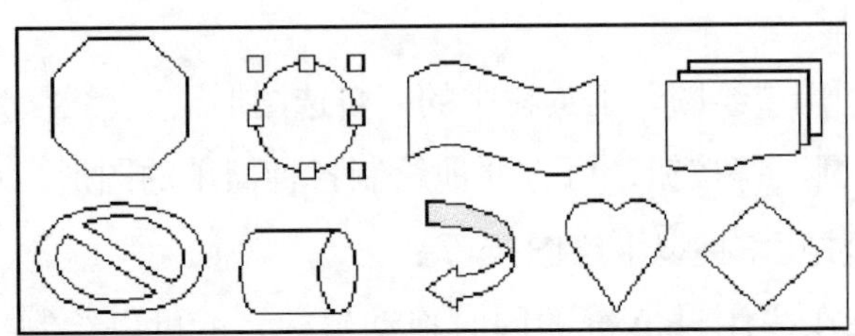

（2）选中多个图形

➢ 先选中第一个图形，然后按住 Shift 键，并单击其他图形，即可选中多个图形。

➢ 单击选择对象按钮，将光标移到文档窗口中不是图形的地方，然后按住鼠标左键拖动，即可选中多个图形。

（3）改变线条及其颜色

➢ 改变线条。先选中图形，单击“绘图”工具栏上的线型按钮。在弹出的线型列表中，选择需要的线条粗细。如果想将线条变为虚线或箭头，可单击虚线线型按钮或箭头样式按钮。

➢ 改变线条颜色。先选中图形，单击线条颜色按钮，在颜色列表中选择一种颜色，图形线条的颜色就会显示出来。

（4）填充颜色

➢ 选中图形，单击“填充颜色”右侧的下拉箭头。在出现的列表框中，选择一种颜色，即可填充图形颜色。在出现的列表框中，可单击“填充效果”按钮进行更细致的设置（下图）。

如果想改变填充颜色，可以按上述步骤重新设定，或者打开“设置自选图形格式”对话框进行设置。打开这个对话框的方法是：

➢ 将光标移到图形中，双击鼠标左键或者单击“格式”菜单中的“自选图形”命令。然后在“设置自选图形格式”对话框的“颜色与线条”选项卡中选择需要的线条和颜色。

（5）改变图形的大小

➢ 不用以下操作实现改变图形的大小。

先选中图形，把光标移到图形的控制点上。当指针变为双箭头（ ）时，按下鼠标左键拖动即可改变图形的大小。如果在拖动的同时，按住 Shift 键，可按相等的比例缩放图形的长宽；如果在拖动的同时，按住 Alt 键，可按最小单位的幅度进行缩放。

➢ 先选定图形，选择“格式”菜单中“自选图形”命令，打开“设置自选图形格式”对话框。接着单击“大小”选项卡，在“尺寸和旋转”选项组中的“高度”和“宽度”文本框中，输入准确数值确定尺寸；或者在“缩放”选项组中，设定高度和宽度的比例来缩放图形（下图）。

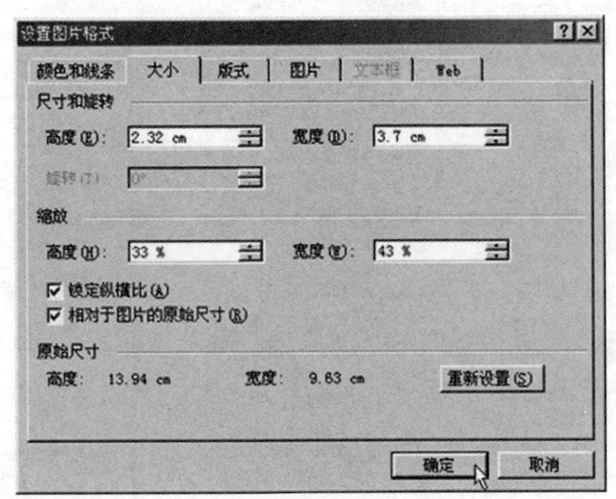

（6）改变图形的方向

➢ 自由旋转图形。选中一个图形，此时该图形的顶部出现一个旋转句柄（绿色的圆点）。把光标移到图形的旋转句柄上，按下鼠标左键并拖动旋转，即可按任意角度改变图形的方向。

➢ 旋转或翻转图形。若要翻转准确的角度，先选中图形，单击“绘图”按钮，在弹出的菜单中选择“旋转或翻转”命令，然后在级联菜单中选择一种翻转方式，如下图所示。

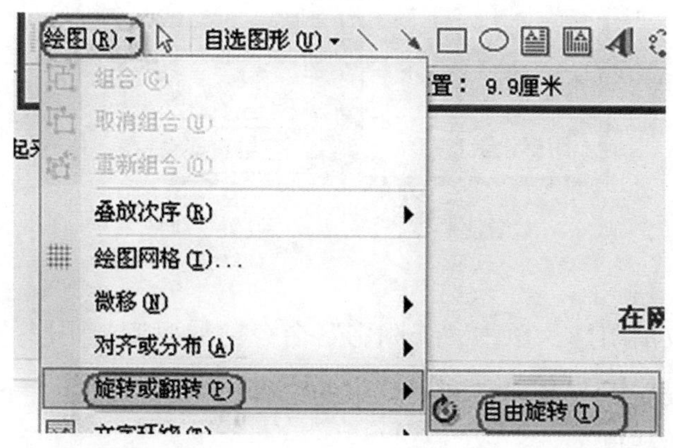

（7）改变图形的位置

➢ 不精确定位。将鼠标移到图形上，当指针变为手形时，按下鼠标左键，并拖动至合适的地方。

➢ 精确定位。单击“绘图”工具栏上的“绘图”按钮，单击弹出的“绘图”菜单中的“微移”命令。然后在“微移”级联菜单中选择一种微移方向。当需要对图形进行微移时，可先利用鼠标选定图形，再用组合键“Ctrl+（→、←、↑、↓）”使图形向右、左、上、下移动。

（8）设置阴影效果

➢ 选中图形。

➢ 单击“绘图”工具栏上的阴影按钮，打开“阴影”选择菜单。

➢ 从菜单中选择一种样式，如下图所示。

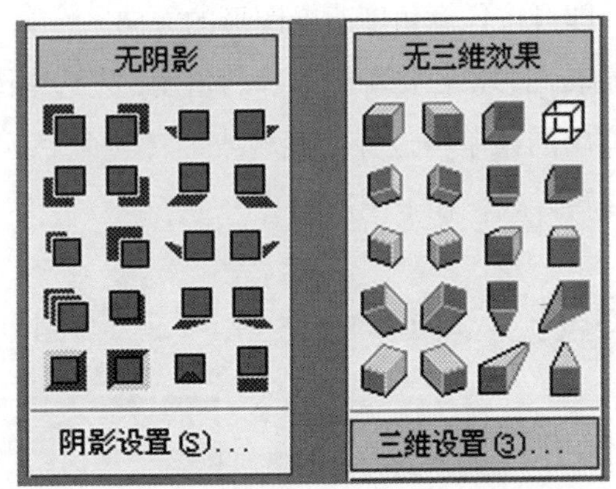

设置阴影　　　　设置三维效果

如要取消阴影，单击“无阴影”命令；如要调整阴影的位置，打开“阴影设置”工具栏，利用其中的工具按钮进行设置，下图中给出了一些阴影效果。

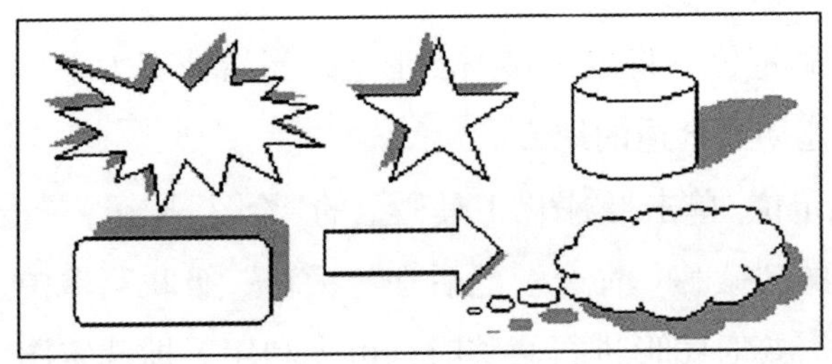

（9）设置三维效果

➢ 选中图形。

➢ 单击“绘图”工具栏上的三维效果按钮，打开“三维效果”菜单；然后，在该菜单中选择一种三维效果样式。

经过上述设置后，图形便有了三维立体效果。如果要对图形作进一步的三维处理，可以单击“三维设置”命令，打开“三维设置”工具栏，然后利用其中的按钮对图形进行设置，如下图所示三维效果。

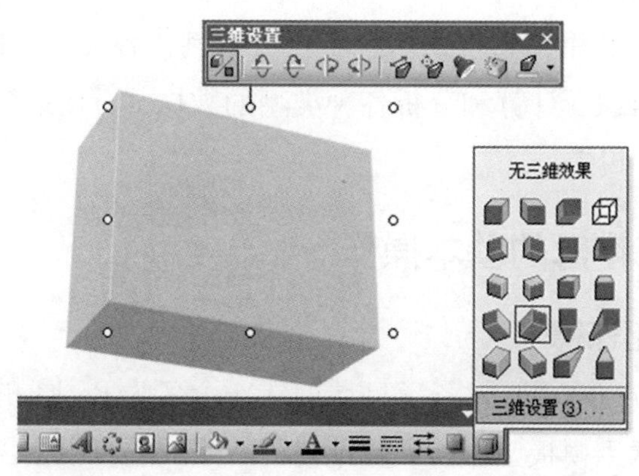

（10）组合图形

在编排图形时，经常需要把多个图形组合在一起。组合图形的操作步骤如下。

➢ 选中需要组合的多个图形。

➢ 单击“绘图”工具栏左端的“绘图”按钮，接着单击“绘图”菜单中的“组合”命令。经过组合后，多个图形就成为一个整体，四周有 8 个控制点。如果想取消组合，选中已经组合的图形，再单击“绘图”工具栏左端的“绘图”按钮，选择弹出的“绘图”菜单中的“取消组合”命令，原组合在一起的图形被分解为多个图形。在进行多个图形编排时，还可以在“绘图”菜单中选择“对齐或分布”命令，选择一种对齐方式，以便对多个图形进行排列。

第二节 电子表格软件Excel

Excel是微软公司Office软件包的一个组件，是一个通用的电子表格制作软件。利用该软件，用户不仅可以制作各类精美的电子表格，还可以用来组织、计算和分析各种类型的数据，方便地制作复杂的图表和财务统计报表。

一、工作簿的基本操作

1. 新建工作簿

启动Excel 2003时，系统自动创建一个名为Book1的工作簿，这个工作簿是常用模板工作簿。除此之外，用户还可根据需要来创建工作簿：

➢ 单击"文件"菜单中的"新建"命令，出现如下图所示的任务窗格。

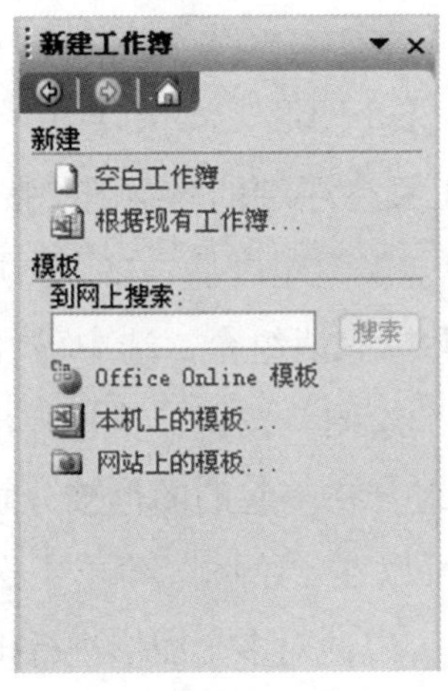

➢ 单击“空白工作簿”链接，将直接创建一个含有 3 张工作表的空白工作簿。

➢ 单击“根据现有工作簿”链接，将打开如下图所示的“根据现有工作簿新建”对话框，可从中选择以现有工作簿为基础来新建。

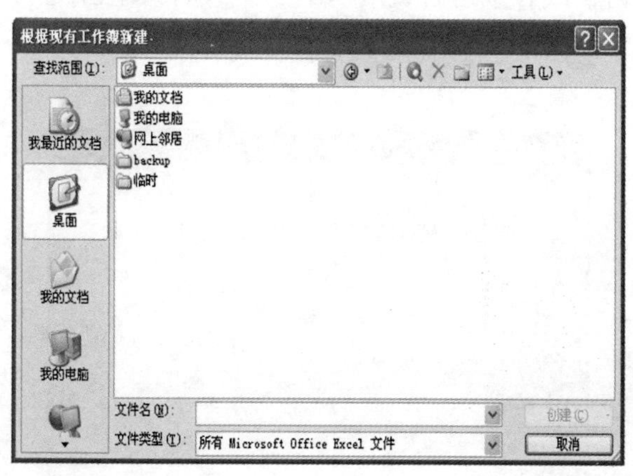

➢ 单击“模板”下的“本机上的模板”链接，将打开“模板”对话框，单击“电子方案表格”选项卡，从中选择所需的模板单击“确定”按钮即可，如下图所示。

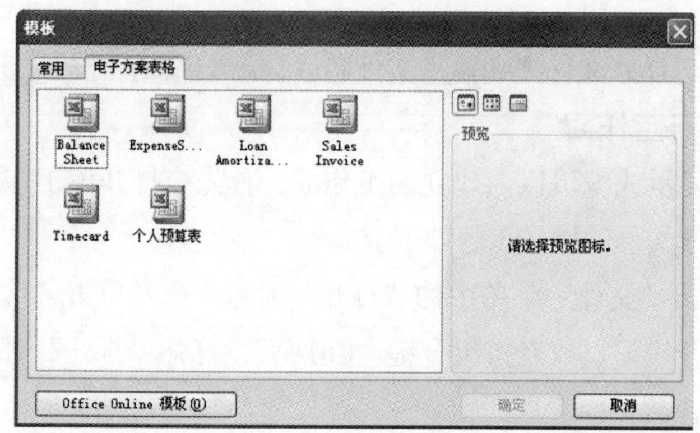

2. 保存工作簿

当建立了一个工作簿并在其中输入了信息后，应将该工作簿保存到磁盘上，便于以后再次使用。保存工作簿文件的操作步骤如下。

➢ 单击“文件”菜单中的“保存”命令，或者单击“常用”工具栏中保存按钮，或者按组合键“Ctrl+S”，或者按组合键“Alt+F2”，打开“另存为”对话框，如下图所示。

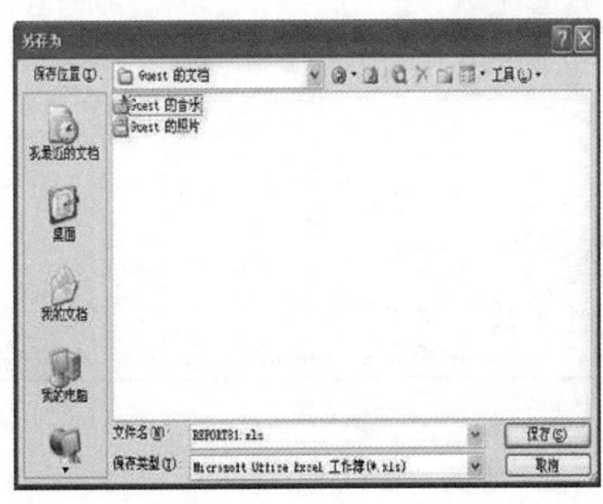

➢ 在“保存位置”下拉列表框中选择保存工作簿的文件夹。

➢ 在“文件名”下拉列表框中输入文件名来保存当前的工作簿内容。

➢ 当选择好文件夹和输入文件名后，单击“保存”按钮，完成保存。

3. 打开工作簿

若要显示或编辑以前建立的工作簿，首先应打开该工作簿文件。打开工作簿文件的操作步骤如下。

➢ 单击“文件”菜单中的“打开”命令，或者单击“常用”工具栏中的打开按钮，或者按组合键“Ctrl+O”，打开“打开”对话框，如下图所示。

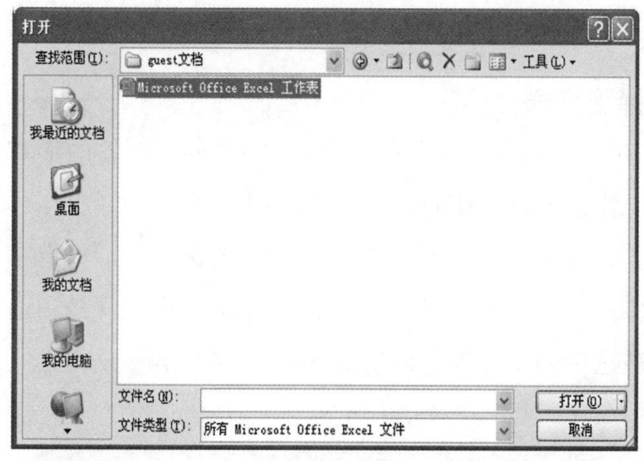

➢ 在“查找范围”下拉列表框中选择文件所在的驱动器及文件夹。

➢ 在“文件类型”下拉列表框中选择“所有 Microsoft Office Excel 文件”。

➢ 单击选中需要打开的文件名。

➢ 单击“打开”按钮，打开所选工作簿文件。

4. 关闭工作簿

当工作簿编辑结束时，为确保其安全，应该将其正常关闭。关闭当前工作簿有以下几种操作方法。

➢ 单击“文件”菜单中的“关闭”命令。

➢ 单击工作簿窗口右上角的关闭按钮。

➢ 按组合键“Ctrl+F4”。

当进行上述操作时，若按住 Shift 键，则可以关闭 Excel 2003 中的所有工作簿。注意，关闭工作簿后并不退出 Excel 2003。当打开一个工作簿后，用户主要是对工作簿中的工作表进行操作。每一个工作表都有一个名称，系统默认以 Sheet1、Sheet2、Sheet3……命名工作表。用户可以对工作表进行插入、删除、移动、复制或重新命名等操作。

二、工作表的使用

1. 选择工作表

在 Excel 2003 窗口的底部，工作表的名称以标签的形式显示。当要对某个工作表进行操作时，必须先选中它。

➢ 选定一个工作表。单击某个工作表的标签，即可选中一个工作表。被选中的工作表的标签显示为白色，该工作表就是当前工作表。在下图中被选中的工作表是标签为 Sheet2 的工作表。

Sheet1 Sheet2 Sheet3

➢ 选择多个工作表。如果要选择多个工作表，则在按住 Ctrl 键的同时，用鼠标逐个单击所需要的工作表的标签，被选中的多个工作表均显示为白色，成为当前工作表，此时的操作能同时改变所有当前工作表的内容。在下图中被选中的工作表是标签为 Sheet1 和 Sheet3 的两个工作表，它们均为当前工作表。

Sheet1 Sheet2 Sheet3

➢ 如果要同时选择多个相邻工作表，按住 Shift 键，用鼠标单击工作表标签，即可选中多个相邻的工作表为当前工作表；如果要选定工作簿中的全部工作表，则在工作表标签上右击，在弹出的快捷菜单上单击“选定全部工作表”命令。如果工作表太多，需要选择的工作表看不见，可使用标签栏左边的标签滚动按钮来左右滚动显示。

2. 插入工作表

用户可以在工作簿中的指定位置插入一个新的工作表。操作方法是：首先选定一个工作表标签，以确定新工作表的位置，接着单击“插入”菜单中的“工作表”命令，一个新的工作表被插入到当前工作表的前面，并成为新的当前工作表。重复这样的操作过程，即可插入多个工作表。

3. 删除工作表

具体步骤如下。

➢ 选中要删除的工作表。

➢ 单击“编辑”菜单中的“删除工作表”命令，如果该工作表并未进行过任何操作，将被直接删除，如果该工作表有改动，将打开如下图所示的对话框。

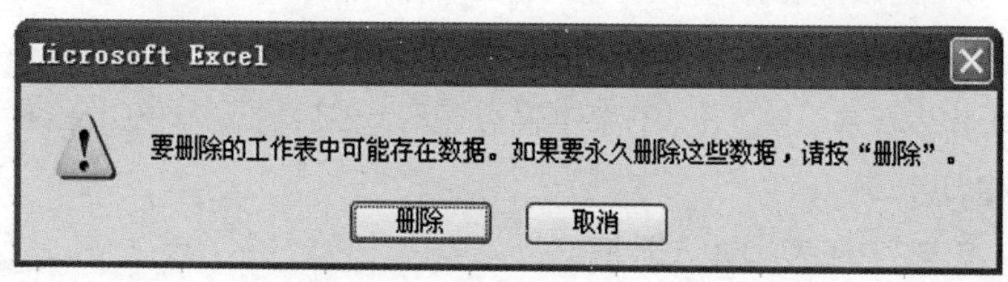

单击“删除”按钮，删除选中的工作表。

4. 移动工作表

为了调整工作表的排列顺序，可以移动工作表。在同一工作簿内移动工作表的操作方法是：

➢ 单击需要移动的工作表，并按住鼠标左键将需要移动的工作表标签横向拖动到指定位置，然后松开鼠标左键，即可将工作表移动到新的位置。

➢ 使用“编辑”菜单中的“移动或复制工作表”命令，可以实现在不同的工作簿之间移动工作表。

5. 复制工作表

复制工作表与移动工作表的操作类似。在工作簿内复制工作表时，先按住 Ctrl 键，然后按住鼠标左键横向拖动选定的工作表标签到指定位置即可。使用“编辑”菜单中的“移动或复制工作表”命令，可实现在不同的工作簿之间复制工作表。

6. 重命名工作表

系统默认新建工作簿中的工作表命名为 Sheet1，Sheet2，Sheet3……用户可以对工作表重新命名。改变工作表名称的操作步骤如下。

➢ 单击需要重命名的工作表的标签。

➢ 单击“格式”菜单中的“工作表”菜单中的“重命名”命令。

➢ 在工作表的标签位置输入新的名称，然后单击工作区，新的工作表标签名称即可取代原来的名称。也可以用鼠标双击需要改变名称的工作表标签，使工作表标签名高亮显示，然后输入新的工作表标签名称即可。

7. 在工作表中输入数据

➢ 选定当前单元格

在工作表中输入数据时，首先要选定当前单元格。选定单元格的操作方法是：单击工作表中的某个单元格，该单元格呈黑框显示，表示被选中。然后，用户可以在单元格中输入文字、数值、日期、时间、函数和公式。输入完成后，按 Tab 键使当前单元格右移一格，按回车键则跳到下一行，或者可以用上、下、左、右 4 个光标键来控制当前单元格的移动方向。在输入的过程中，按 Esc 键可以取消当前输入的内容。

➢ 输入文字

输入的文字可以是数字和非数字字符的组合，系统视为常量。如果输入的文本全部是数字，应先输入单引号作为文字标志。系统将该数值数据识别为文本数据。在默认情况下，数值数据自动向右对齐，文字数据自动向左对齐。如果要在一个单元格内显示多行文本，或者说，在输入的过程中能够自动换行，先按以下方法进行设置。

步骤1：单击“格式”菜单中的“单元格”命令，打开“单元格格式”对话框。

步骤2：单击“单元格格式”对话框中的“对齐”选项卡。

步骤3：在“文本控制”选项组中，选中“自动换行”复选框，如下图所示。

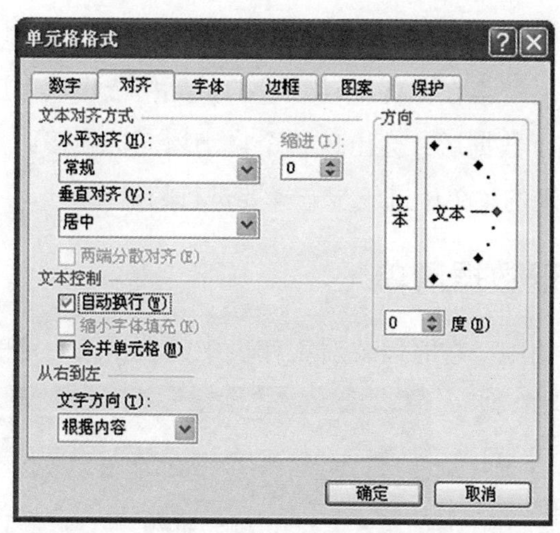

步骤4：单击“确定”按钮，完成设置。如果需要在单元格中手动换行，则应按组合键“Alt+Enter”。

➢ 日期型数据输入

Excel 2003 输入日期时，默认按“年/月/日”或“年-月-日”的格式。输入的时间按“小时:分:秒”的格式。如果在同一单元格中输入日期和时间，在日期和时间之间用空格分隔。若需用其他日期和时间格式，可使用“格式”菜单中的“单元格”命令，在“数字”选项卡的“日期”栏和“时间”栏中选择。

➢ 快速输入数据

Excel 2003 可以把一个单元格的数据简捷地复制到多个相邻的单元格，能实现数据的快速输入。其操作方法是：选定一个单元格，用鼠标指向选定单元格右下角的“填充柄”，鼠标指针变为黑色“十”字形状，按住鼠标左键拖动到需要复制的相邻单元格，释放鼠标左键即可。Excel 2003 可以自动填充序列数据。如果选定单元格中的内容是一个系统已有的序列数据，如一月、二月、三月……星期日、星期一、星期二……第一季、第二季、第三季、第四季等，在拖动“填充柄”到相邻单元格时，系统会在鼠标拖动经过的单元格依次填上后续数据。当工作表中填充了数据后，会出现一个自动填充选项按钮，用户可单击该按钮，在出现的菜单中进一步选择要进行的操作。

三、管理数据清单

在实际应用中，有时需要对工作表中的数据按一定的次序进行排序。如果只对单列中的数据排序，可以使用“常用”工具栏中的降序按钮或升序按钮来实现。排序前，首先要选择排序区域。如不选择，则默认为整个工作表。然后，选择需要的排序方

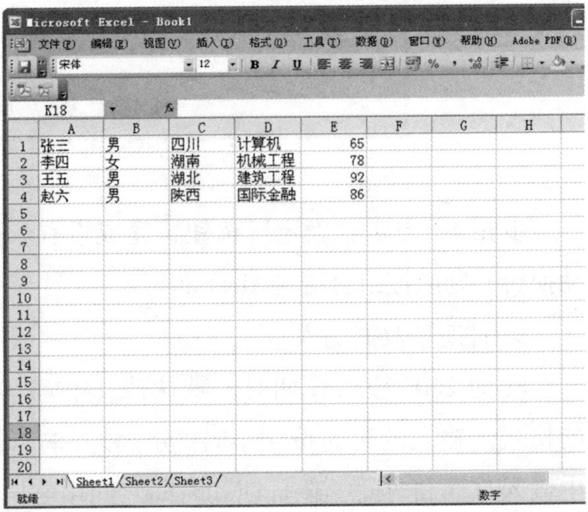

	A	B	C	D	E
1	张三	男	四川	计算机	65
2	李四	女	湖南	机械工程	78
3	王五	男	湖北	建筑工程	92
4	赵六	男	陕西	国际金融	86

式对选定的数据进行排序。例如，对下图中学生的成绩按从高到低的顺序进行排序。排序的步骤如下。

➢ 选取排序区域，即选取表中的全部学生。

➢ 单击“数据”菜单中的“排序”命令，打开“排序”对话框，如下图所示。

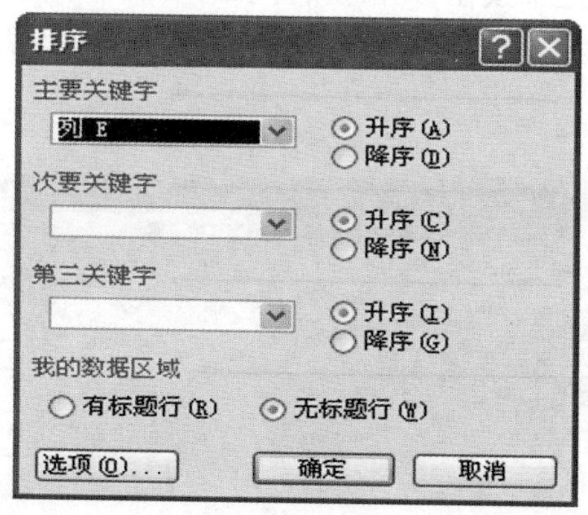

➢ 单击“排序”对话框中的“选项”按钮，打开“排序选项”对话框，如下图所示。

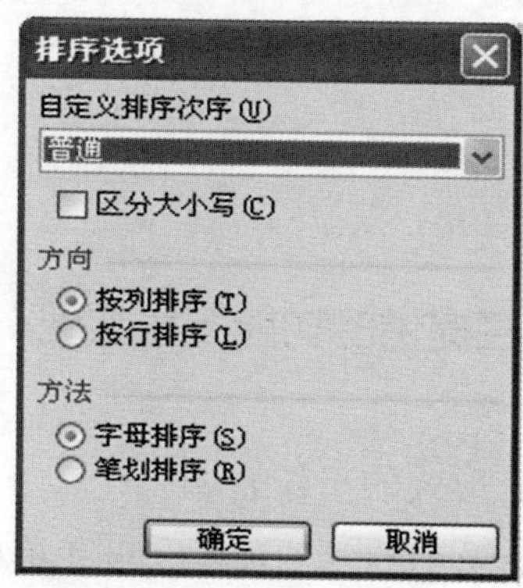

➢ 在“排序选项”对话框中，对于排序方向，选中“按列排序”单选按钮，然后单击“确定”按钮，回到“排序”对话框。

➢ 在“排序”对话框的“主要关键字”下拉列表框中，选择“按列 E”（即要求对工作表中整个 E 列的成绩值进行排序），并选中“降序”方式。

➢ 单击“确定”按钮，完成降序排序工作。排序后的结果如下图所示。

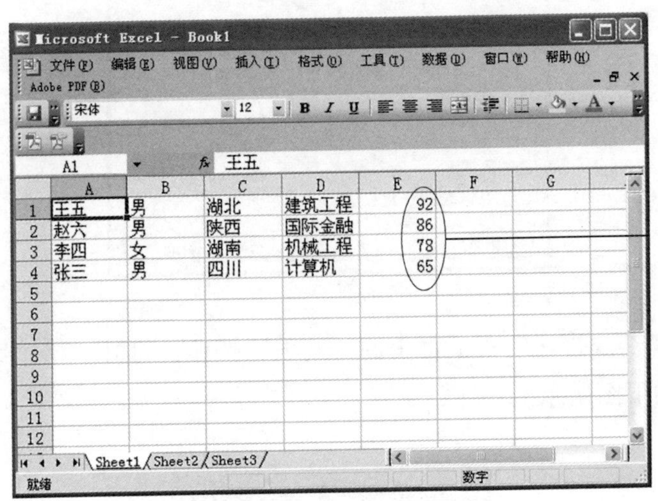

四、制作图表

1. 通过图表工具栏提供的功能按钮实现

其操作步骤如下。

➢ 打开要制作图表形式的工作表。

➢ 单击“视图”菜单中的“工具栏”级联菜单中的“图表”命令，出现带有按钮的“图表”工具栏。

➢ 在表中的标题下面添加一个空行，以便将标题区和数据区分开。

➢ 选取 A3 至 D11 单元格的区域，如下图所示。

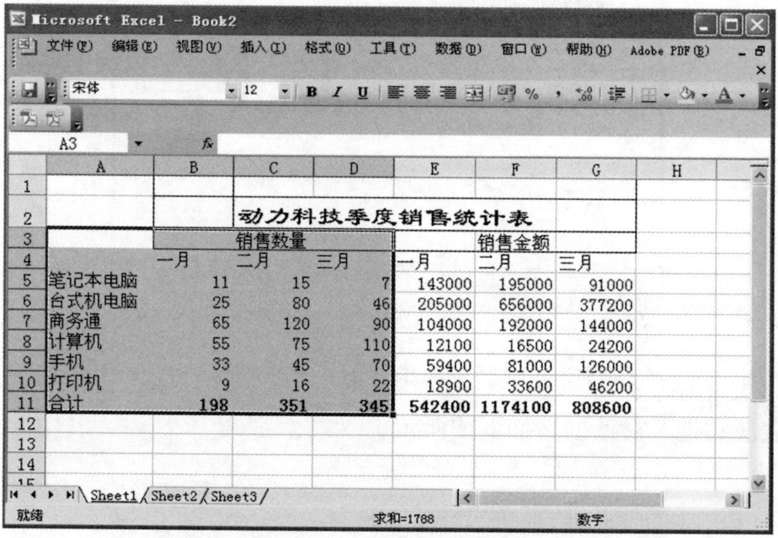

Microsoft Excel - Book2

动力科技季度销售统计表

	销售数量			销售金额		
	一月	二月	三月	一月	二月	三月
笔记本电脑	11	15	7	143000	195000	91000
台式机电脑	25	80	46	205000	656000	377200
商务通	65	120	90	104000	192000	144000
计算机	55	75	110	12100	16500	24200
手机	33	45	70	59400	81000	126000
打印机	9	16	22	18900	33600	46200
合计	**198**	**351**	**345**	**542400**	**1174100**	**808600**

就绪　求和=1788　数字

➢ 单击“图表”工具栏上的图表类型按钮右侧的下箭头按钮，弹出图表选择列表框。

➢ 从打开的图表列表框中选择一种图表类型，如选择的是“柱形图”。这时，在工作表上显示出一个各种机型三个月的销售柱形图表。

2. 利用图表向导来制作一个带深度的柱形图

其操作步骤如下。

➢ 单击“插入”菜单中的“图表”命令，打开“图表向导—图表类型”对话框。

➢ 选择图表的类型。在“图表向导—图表类型”对话框中，单击“自定义类型”选项卡，在“图表类型”列表中选择“带深度的柱形图”选项，在右侧显示其示例图，如下图所示。

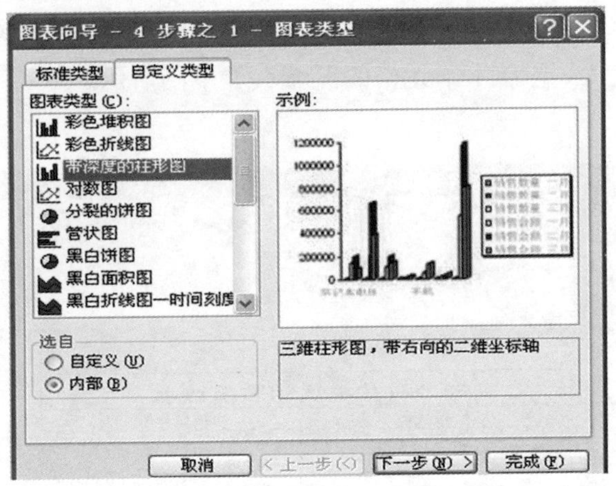

➢ 当选择好图表类型后，单击“下一步”按钮，打开“图表向导—图表源数据”对话框，如下图所示。

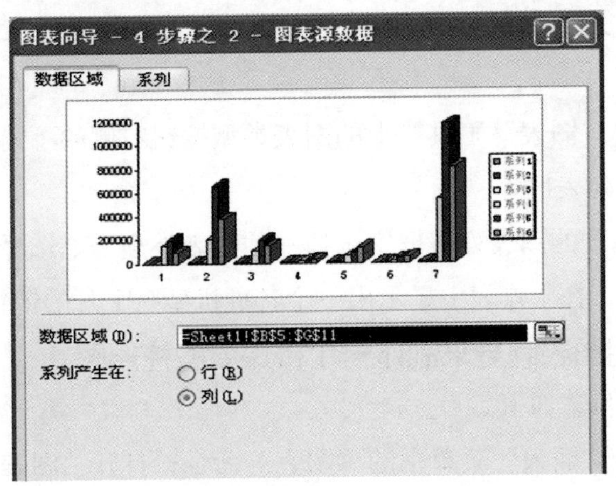

➢ 在“图表向导—图表源数据”对话框中，单击“数据区域”文本框右侧的下拉按钮，接着选择建立图表的单元格区域。

➢ 单击展开对话框按钮，重新展开“图表向导—图表源数据”对话框，选择系列产生在“行”，如下图所示。

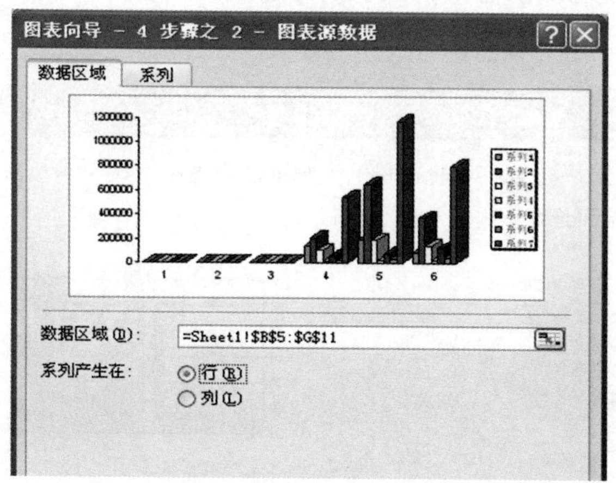

➢ 单击“下一步”按钮，打开“图表向导—图表选项”对话框。单击“标题”选项卡，分别在“图表标题”文本框、“分类轴”文本框、“数值轴”文本框中输入标题名称。

➢ 单击“网格线”选项卡，然后选中“分类轴”和“数值轴”选项组中的“主要网格线”复选框，其示例图出现在对话框的右侧，如下图所示。

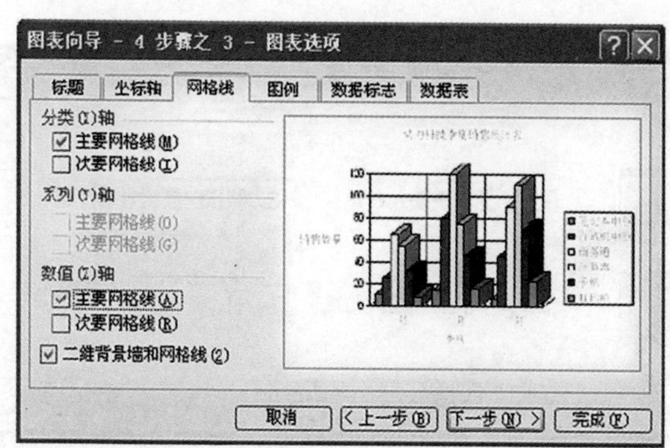

➢ 单击“图例”选项卡，在“位置”选项组中选中“底部”单选按钮，以改变图例的位置，如下图所示。

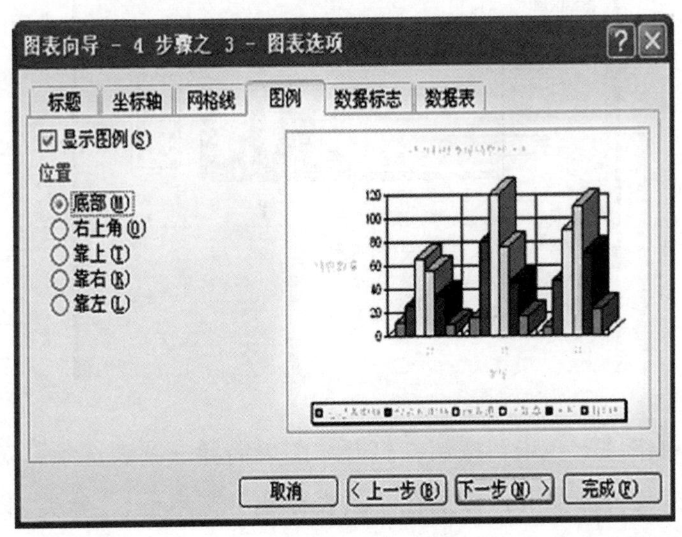

➢ 单击“下一步”按钮，打开“图表向导—图表位置”对话框。选中“作为新工作表插入”单选按钮，并在其后面的文本框中输入“*** 季度销售统计表”，作为新工作表的名字，如下图所示。

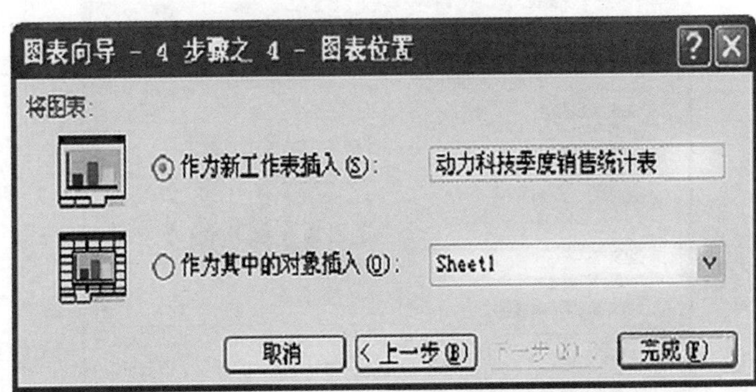

➢ 单击“完成”按钮，完成一个带深度的柱形图，如下图所示。

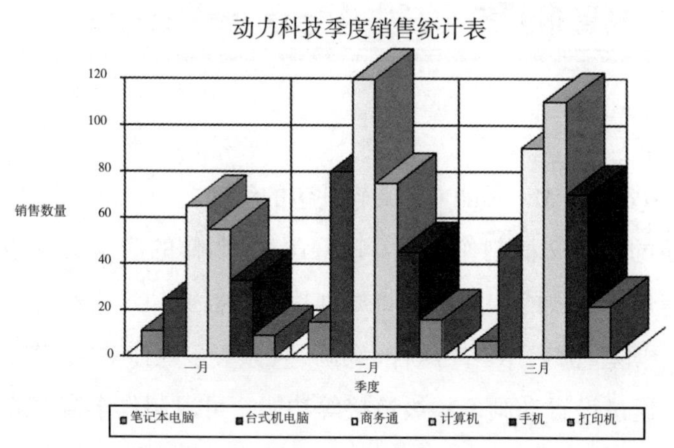

3. 给已建立的柱形图设置三维效果

其操作方法如下。

➢ 单击“图表”菜单中的“设置三维视图格式”命令，打开“设置三维视图格式”对话框，如下图所示。

➢ 然后，可通过设置上下仰角和左右转角来调整图表的三维视图格式。

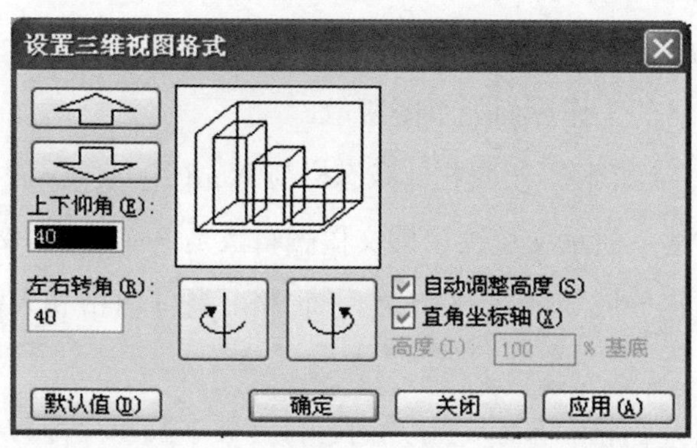

第三节 演示文档制作软件 PowerPoint

PowerPoint 是 Microsoft Office 软件包的组件之一，是一个功能齐全、使用方便的演示文稿制作软件。PowerPoint 制作的演示文稿是由一张张电子幻灯片组成的，演示时将幻灯片一一播放，每张幻灯片可以包含文字、图形、图片、表格、声音、动画、视频等多媒体对象，图、文、声、像并茂。通过设置动画、超级链接等功能，可以制作丰富多彩的讲解演示型多媒体课件，可用于教学、讲演、报告、广告等。PowerPoint 也是目前制作多媒体课件最简单、使用最广泛的软件之一，是实现办公自动化不可或缺的重要组成部分。

一、PowerPoint 的基本操作

1. 启动 PowerPoint 2003

PowerPoint 2003 的启动方法同 Word 2003 的启动方法一样，既可从桌面快捷菜单启动，也可单击“开始”按钮，选择“程序”，找到并单击 Microsoft PowerPoint 选项启动，还可通过双击已有演示文稿启动。启动以后的工作界面如下图所示。

标题栏、菜单栏、工具栏、状态栏与 Word 2003、Excel 2003 相似，在此不再重述。演示文稿窗口即文稿编辑区是 PowerPoint 2003 的主要工作区域。它分成 3 个部分：幻灯片窗格、备注窗格和大纲 / 幻灯片窗格。

➢ 幻灯片窗格：显示幻灯片内容，含文本及图片等对象，可以直

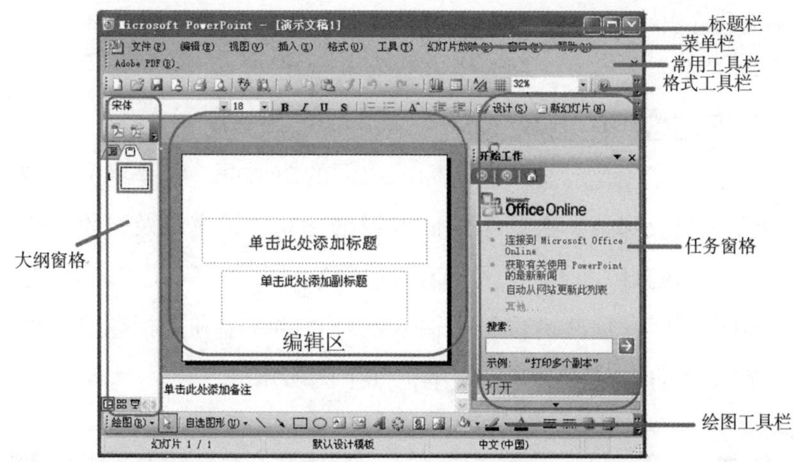

接编辑幻灯片内容。

➢ 备注窗格：对幻灯片的解释、说明等备注信息进行输入与编辑。

➢ 大纲窗格：在该区可以显示幻灯片的标题和正文信息，但不能显示、编辑图片等对象。在幻灯片中的占位符编辑文本时，大纲区会同步变化，反之亦然。

2. 退出 PowerPoint 2003

编辑文稿结束或暂时中断，要退出 PowerPoint 2003，其退出方法同 Word 2003 的退出方法一样，可以打开“文件”菜单，选择“退出”，或者单击窗口右上角的关闭按钮，都可以退出 PowerPoint 2003。

退出之前，如果有正在编辑的演示文稿未存盘，系统会提示是否保存对文件的修改，可根据需要选择是与否。

二、幻灯片的编辑

文本是用来表达演示文稿的主题和主要内容的，可以在普通视图的幻灯片窗格或大纲窗格中输入和编辑文本，并设置文本的格式。在

PowerPoint 2003 中，常用在占位符中输入文本、在文本框中输入文本和在图形中输入文本 3 种方法将文本添加到幻灯片中。

1. 在占位符中输入文本

占位符是带有虚线或影线标记边框的矩形框，它是绝大多数幻灯片版式的组成部分。这些矩形框可容纳标题、正文以及对象。当新建一个空白的幻灯片时，在文档窗口中就默认显示了标题和副标题占位符，用户可以在这些占位符中输入幻灯片的标题和副标题。另外，还可以在其他的占位符中输入文本，如下图所示。

要在占位符内输入文本，只需在文本占位符内单击鼠标，然后直接输入正文或标题文本即可，也可以粘贴从其他位置复制的文本。输入文本后，还可以调整占位符的大小并移动它们，也可以用边框线条和颜色设置其格式。

2. 在文本框中输入文本

使用文本框可以将文本放置到幻灯片的任何位置，并且改变文字的方向等。如可以创建文本框并将它放在图片旁来为图片添加标题，也可以使用文本框将文本添加到自选图形中。文本框具有边框、填充、阴影或三维效果等属性，可更改它的形状。在文本框中添加文本的操作如下。

➢ 单击“绘图”工具栏中的“文本框”或“竖排文本框”按钮，或选择“插入 | 文本框 | ‘水平’或‘垂直’”命令。

➢ 将鼠标指针指向幻灯片中要添加文本框的位置，然后单击鼠标左键或拖曳鼠标，即创建了文本框，并且该文本框处于可编辑状态，可在其中输入或粘贴文本。

3. 在图形中输入文本

在图形中添加文本信息，有时更能完整地表达一项内容，并且添加的文本被附加到图形中，随图形移动或旋转。在图形中添加文本的操作如下。

➢ 如果要添加成为图形的一部分的文本并在移动图形时移动文本，可以首先选中幻灯片中的图形，单击鼠标右键，在弹出的快捷菜单中选择“添加文本”，然后在其中输入文本即可。

➢ 如果要添加独立于图形的文本并且在移动自选图形时不移动文本，则必须在图形中添加文本框，然后在文本框中输入文本。

4. 插入图片和艺术字

要制作出一份富有感染力的演示文稿，往往还需要为演示文稿插入图片和艺术字等。用户除了可以插入剪辑管理器中的剪贴画之外，还可以在幻灯片中插入自己的图片文件。使用艺术字这种特殊的文本效果，用户不仅可以方便地为演示文稿中的文本创建艺术效果，还可以设置艺术字的文字环绕、填充色、阴影和三维效果等属性。

（1）插入剪贴画

Microsoft Office 2003 的剪辑管理器中自带有不少剪贴画，用户可根据需要选择插入到演示文稿中，具体操作如下。

➢ 单击“插入 | 图片 | 剪贴画”，如下图所示，在普通视图右边的任务窗格中输入相关的文字搜索剪贴画或“*.*”搜索所有的剪贴画，然后单击选择所需剪贴画即可。

（2）插入图片

用户可以将已经保存到计算机中的图片文件直接插入到演示文稿

中，操作如下。

➢ 选择“插入|图片|来自文件”命令，将弹出“插入图片”对话框，在该对话框中选中需要插入的图片，如下图所示。

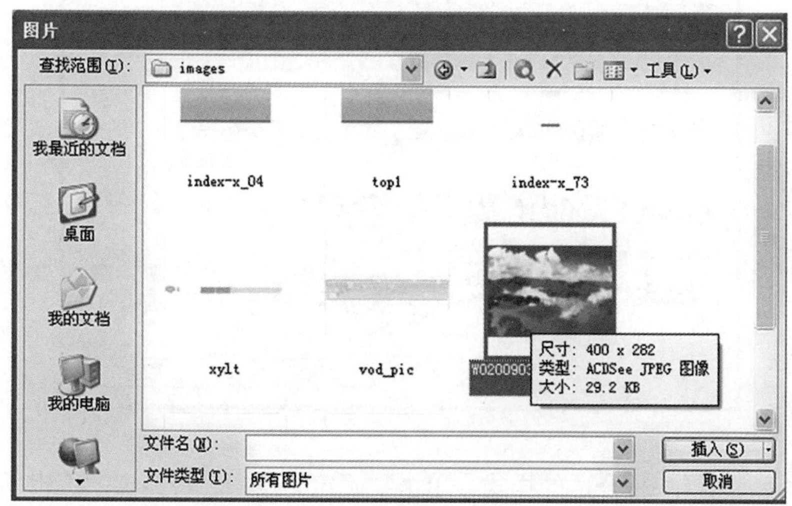

➢ 单击“插入”按钮，将图片插入到演示文稿中，适当调整图片的大小和位置。当用户对幻灯片中插入的各种图片不满意时，可以对图片进行处理，如缩放、裁剪、改变图片的亮度和对比度等。设置图片格式可以使用“图片”工具栏中的各个按钮或在“设置图片格式”对话框中进行。

（3）插入艺术字

为了美化演示文稿，除了对文本设置多种字体外，还可以使用具有多种特殊艺术效果的艺术字。插入艺术字的操作如下。

➢ 在要插入艺术字的幻灯片中单击“插入|图片|艺术字”命令，或单击“绘图”工具栏中的插入艺术字按钮，弹出“艺术字库”对话框，如下图所示。

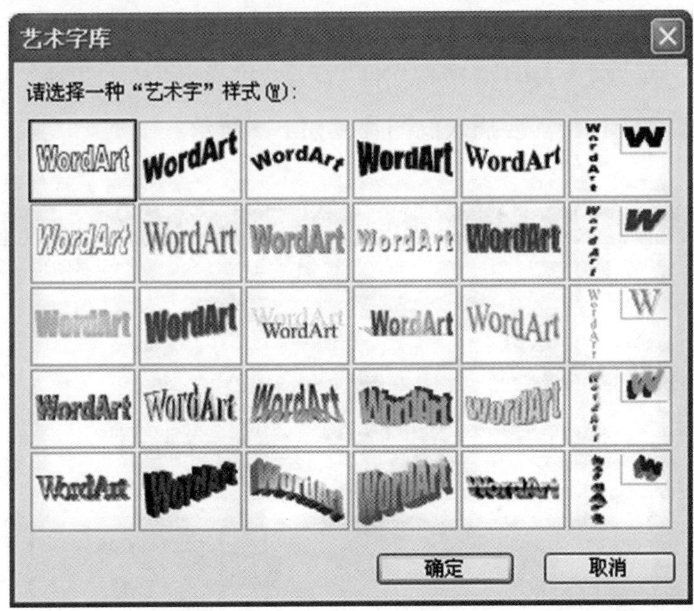

➢ 选择一种合适的样式，单击“确定”按钮，将弹出“编辑‘艺术字’文字”对话框，如下图所示，可在“文字”文本区中输入内容，设置字体、字号和效果等。

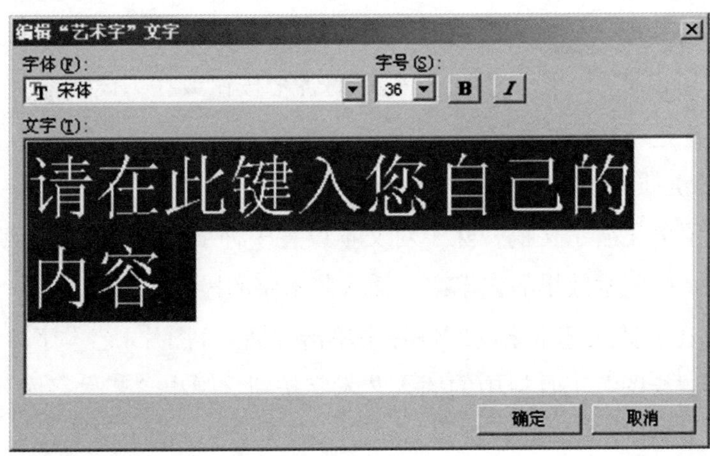

➢ 单击“确定”按钮，即可在当前幻灯片中插入艺术字。要设置艺术字属性，应先在幻灯片中选中要设置格式的艺术字，系统将自动弹出“艺术字”工具栏。通过该工具栏，用户可以完成所有的艺术字的格式设置。

三、幻灯片的放映

通过设定幻灯片放映时间或使用排练计时功能，用户可以创建能够自动放映的演示文稿。

1. 设置幻灯片放映时间间隔

其操作步骤如下。

➢ 打开演示文稿，选择“幻灯片放映”→“幻灯片切换”命令，打开“幻灯片切换”任务窗格。

➢ 在“幻灯片切换”任务窗格中，选中“换页方式”下的“每隔”复选框，并输入希望幻灯片停留的时间，以秒为单位。

➢ 如果单击“应用于所有幻灯片”按钮，所设置的时间间隔将应用于全部幻灯片中，同时在每张幻灯片的左下角显示放映的时间。

2. 使用排练计时功能

其操作步骤如下。

➢ 打开演示文稿，选择“幻灯片放映”→“排练计时”命令，演示文稿自动进入放映方式中，同时在屏幕的左上角显示“预演”工具栏，如下图所示。

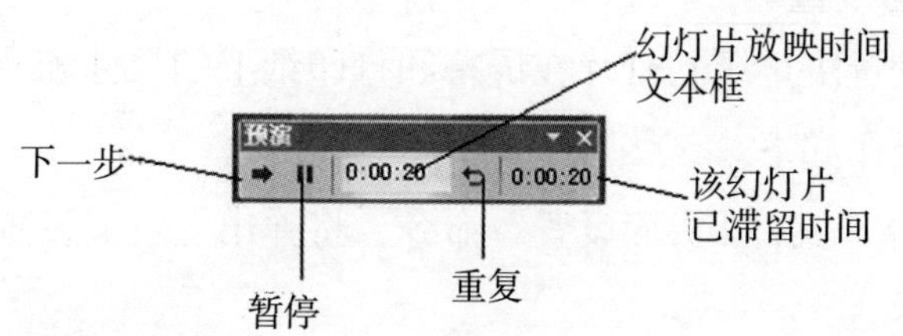

➢ 用户根据当前幻灯片的内容进行预演排练，系统在左侧的时间框中记录讲解当前幻灯片经历的时间。单击鼠标左键，进入下一张幻灯片，左侧时间框中的时间将重新计时，右侧的时间框中显示整个演示文稿经历的时间。

➢ 单击“预演”工具栏“关闭”按钮，弹出如下图所示的询问对话框，询问是否保留排练时间，选择“是”按钮后，可以看到幻灯片左下角显示的排练时间。

在幻灯片放映时，将按照每张幻灯片排练的时间放映，并自动进入下一张幻灯片。

四、幻灯片的打印与传送

打印演示文稿时，既可用彩色、灰度或纯黑白打印整个演示文稿的幻灯片、大纲、备注和观众讲义，也可打印特定的幻灯片、讲义、备注页或大纲页。在打印之前，需要进行页面设置和打印选项的设置。

1. 页面设置

页面设置决定了幻灯片在屏幕和打印纸上的尺寸和放置方向，页面设置的操作如下。

➢ 选择“文件 | 页面设置”命令，将弹出“页面设置”对话框，如下图所示。

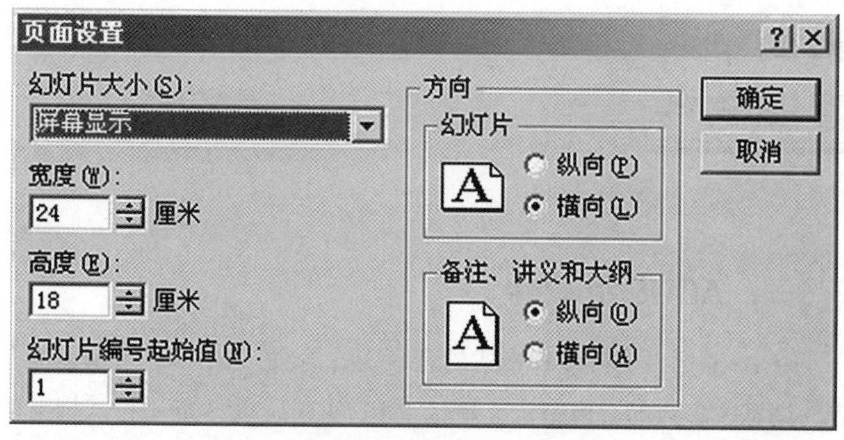

➢ 在“幻灯片大小”下拉列表框中选择打印纸张的大小，用户也可以在“宽度”和“高度”数值框中自定义打印纸张的大小。

➢ 在“方向”选项区中设置幻灯片页面在打印纸上是横向打印还是纵向打印，备注、讲义和大纲也可以在此设置。

➢ 单击“确定”按钮即可。

2. 打印幻灯片

打印幻灯片时，用户可以选择只打印幻灯片并用它们作为讲义，操作如下。

➢ 选择“文件 | 页面设置”命令，在弹出的“页面设置”对话框中设置要打印的幻灯片大小。

➢ 选择“文件 | 打印”命令，弹出“打印”对话框。如果计算机有多个可用的打印机，在“打印机”选项区的“名称”下拉列表框中选择用于当前打印任务的打印机，在“打印范围”选项区中可以选择打印全部或部分幻灯片，在“份数”选项区中可以设置要打印的份数。单击“预览”按钮，可以切换到打印预览视图。

➢ 单击“确定”按钮即可开始打印。

第四节 看图软件

一、ACDSee 软件

ACDSee 可以支持多种格式的音频文件播放。ACDSee 可快速的开启，浏览大多数的影像格式，新增了 QuickTime 及 Adobe 格式档案的浏览，可以将图片放大缩小，调整视窗大小与图片大小配合，全屏影像浏览，并且支援 GIF 动态影像。不但可以将图档转成 BMP、JPG 和 PCX 格式，而且只需按一下便可将图片设成桌面背景；图片可以播放幻灯片的方式浏览，还可以看 GIF 的动画。而且 ACDSee 提供了方便的电子相本，有 10 多种排序方式，树状显示资料夹，快速的缩图检视，拖曳功能，播放 WAV 音效档案（下图）。

二、Picasa 软件

Picasa 是一款可以帮助你在计算机上立即找到、修改和共享所有图片的软件。每次打开 Picasa 时，它都会自动查找所有图片（甚至是那些你已经遗忘的图片），并将它们按日期顺序放在可见的相册中，同时以易于识别的名称命名文件夹。你可以通过拖放操作来排列相册，还可以添加标签来创建新组。

Picasa 还可以通过简单的单次点击式修正来进行高级修改，只需动动指尖即可获得震撼效果。而且，Picasa 还可以迅速实现图片共享—可以通过电子邮件发送图片、在家打印图片、制作礼品 CD，甚至将图片张贴到自己的博客中。

三、iSee 软件

iSee 软件（个人图片专家）是一款功能全面的数字图像浏览处理工具，除了看图软件常有的功能以外，还有改变图片大小，转换图片格式，查看 dll、exe 中 ico，生成图片说明，多画面浏览等功能。不但具有和 ACDSee 媲美的强大功能，还针对中国的用户量身订做了大量图像娱乐应用，让你的图片动起来，留下更多更美好的记忆（下图）。

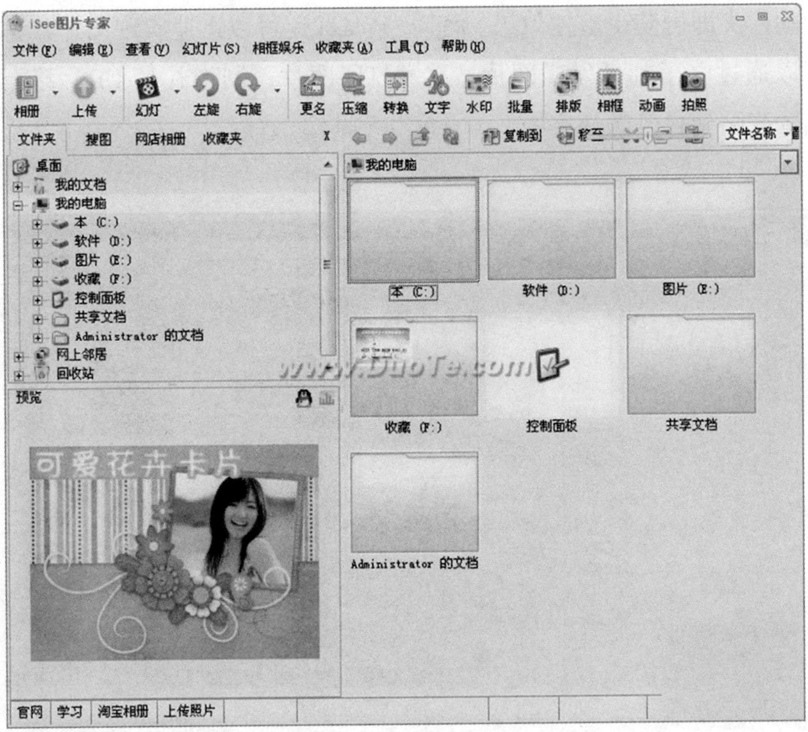

第五节 影音播放软件

一、Windows Media Player 软件

Windows Media Player 是一款 Windows 系统自带的播放器，支持通过插件增强功能，在 Windows Media player 7 及以后的版本，支持换肤（下图）。

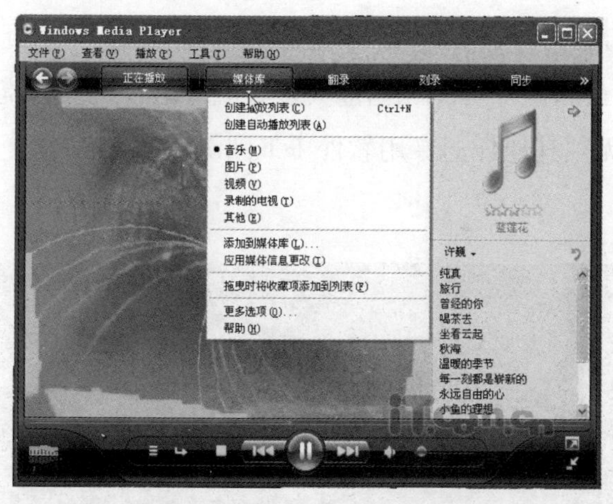

该软件可以播放 MP3、WMA、WAV 等格式的文件，而 RM 文件由于竞争关系，微软默认但不支持。不过在 Windows Media player 8 以后的版本，如果安装看 RealPlayer 相关的解码器，就可以播放。视频方面可以播放 AVI、WMV、MPEG-1、MPEG-2、DVD 等格式的文件。支持播放列表，支持从 CD 抓取音轨复制到硬盘，支持刻录 CD，

Windows Media player 9 以后的版本甚至支持与便携式音乐设备同步音乐，集成了 Windows Media 的在线服务。Windows Media player 10 更集成了纯商业的联机商店服务，支持图形界面更换，支持 MMS 与 RTSP 的流媒体，内部集成了 Windows Media 的专辑数据库，如果用户播放的音频文件与网站上面的数据校对一致的话，用户可以看到专辑消息。支持外部安装插件增强功能。

二、暴风影音软件

暴风影音提供和升级了系统对常见绝大多数影音文件和流的支持，包括：RealMedia、QuickTime、MPEG2、MPEG4 (ASP/AVC)、FLV 等流行视频格式；AAC/OGG/MPC/APE/FLAC/TTA/WV 等流行音频格式；MP4/OGM/PMP/XVD 等媒体封装及字幕支持等。配合 Windows Media Player 最新版本可完成当前大多数流行影音文件、流媒体、影碟等的播放而无须其他任何专用软件（下图）。

第六节 联络通讯软件

一、MSN 软件

MSN 全称 Microsoft Service Network（微软网络服务），是微软公司推出的即时消息软件，可以与亲人、朋友、工作伙伴进行文字聊天、语音对话、视频会议等即时交流，还可以通过此软件来查看联系人是否联机。微软 MSN 移动互联网服务提供包括手机 MSN(即时通讯 Messenger)、必应移动搜索、手机 SNS（全球最大 Windows Live 在线社区）、中文资讯、手机娱乐和手机折扣等创新移动服务，满足了用户在移动互联网时代的沟通、社交、出行、娱乐等诸多需求，在国内拥有大量的用户群（下图）。

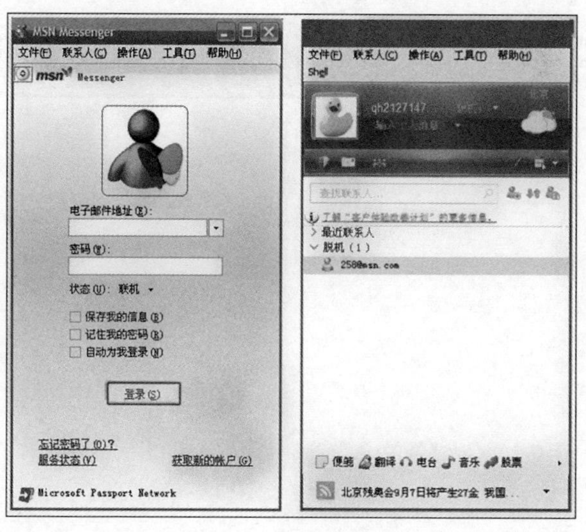

二、QQ 软件

QQ 是深圳市腾讯计算机系统有限公司开发的一款基于 Internet 的即时通信软件。腾讯 QQ 支持在线聊天、视频电话、点对点断点续传文件、共享文件、网络硬盘、自定义面板、QQ 邮箱等多种功能。并可与移动通讯终端等多种通讯方式相连。QQ 已经发展到上亿用户，在线人数超过 1 亿，是目前使用最广泛的聊天软件之一（下图）。

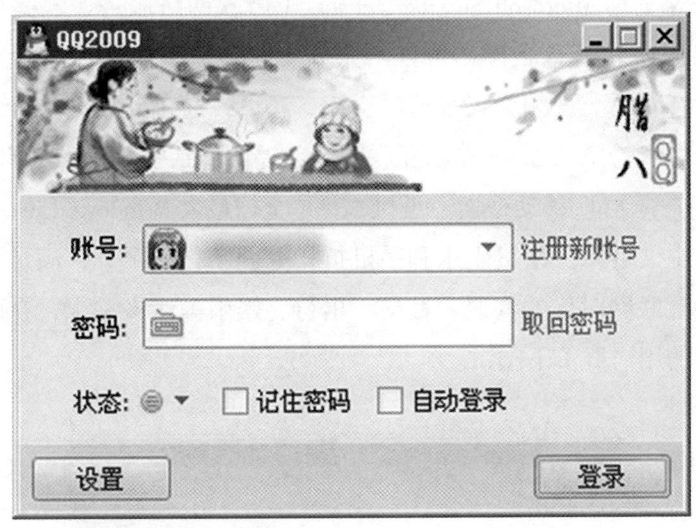

第七节 电子阅读软件 Adobe Reader

Adobe Reader 是用于打开和使用在 Adobe Acrobat 中创建的 Adobe PDF 的工具。虽然无法在 Adobe Reader 中创建 PDF，但是，可以查看、打印和管理 PDF。在 Reader 中打开 PDF 后，可以使用多种工具快速查找信息。如果您收到一个 PDF 表单，则可以在线填写并以电子方式提交。如果收到审阅 PDF 的邀请，则可使用注释和标记工具为其添加批注。使用 Reader 的多媒体工具可以播放 PDF 中的视频和音乐。如果 PDF 包含敏感信息，则可利用数字身份证或数字签名对文档进行签名或验证（下图）。

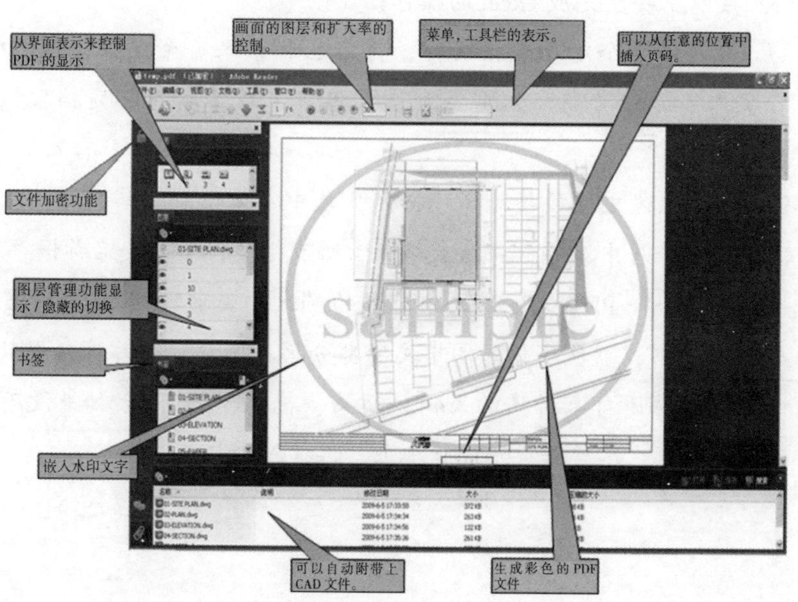

本章学习重点：

1. 掌握微软的办公软件。

2. 了解其他常用的工具软件。

思考题：

1. 按要求完成以下 word 的操作：

（1）按下列格式输入以下文字，并将字体设置成宋体字、字号设置成四号字，以“我的文件 1. doc”为文件名保存。

计算机又称电脑或电子计算机，它的诞生最初是为了进行大量复杂的数学问题。现在，计算机已经不只是简单用作计算工具，而是广泛地应用和渗透到社会生活的各个领域。

（2）将上述文件内容复制到一个新文件中，并按照居中格式排版，并将第一句话标红，然后以“我的文件 2.doc”为文件名保存。

2. 按以下要求完成 excel 的操作：

（1）创建一个电子表格文件，将自己和家人（至少添加 6 个人）的名字、年龄、身高、体重添加进表格中，以“我的家庭档案 .xls”为文件名保存。

（2）将上述文件按年龄降序排列，表中字体设置为华文楷体，18 磅，数值水平居中对齐，并给表格加上所有框线，不改变名称保存。

3. 创建一个 PPT 文件，文中标题为“我的美丽花园”，并设置成 30 号字，隶书，蓝色字体。图中文字部分插入图片，图片选自用数码相机上的照片（自家种植的果树、蔬菜、花卉等均可）。如果没有图片可以先拍照，然后保存到计算机上，再插入图片。

第四章
计算机日常维护

计算机的日常维护是保证计算机正常运行，延长其使用寿命，防患于未然的一项不可忽视的经常性工作。个人计算机的日常维护通常分为工作环境、硬件维护和软件维护。

第一节 计算机的工作环境

一个合适的工作环境，会使一台计算机保持正常的工作状态并延长其寿命。我们所说的工作环境通常包含如下几个方面。

一、温度

通常计算机适宜的工作温度在 15 ～ 30℃范围内，超出这个范围的温度会影响电子元器件的工作或可靠性，存放计算机的温度也应控制在 5 ～ 40℃。由于集成电路的集成度高，工作时将产生大量的热，如机箱内热量不及时散发，轻则使工作不稳定、数据处理出错，重则烧毁一些元器件。反之，如温度过低，电子器件不能正常工作，也会增加出错率。

二、湿度

通常计算机工作的相对湿度是 40%～ 70%，存放时的相对湿度也应控制在 10%～ 80%。湿度过高容易造成电器件、线路板生锈、腐蚀而导致接触不良或短路，磁盘也会发霉，使存在上面的数据无法使用；湿度过低，则静电干扰明显加剧，可能会损坏集成电路，清掉内存或缓存区的信息，影响程序运行及数据存贮。当天气较为潮湿时，最好每天开机使用 1 ～ 2 小时。

三、洁净度

计算机的任何部件都要求干净的工作环境，应尽量保持工作环境的干净是每一个使用计算机的人都应注意的。机箱是不完全密封的，灰尘会进入机箱内，并附着于集成电路板的表面，造成集成电路板散热不畅，严重时会引起主板线路短路等。硬盘虽密封，但软驱的磁头或光驱的激光头表面却很容易进入灰尘或赃物；键盘各键之间空隙、显示器上方用来散热的空隙也是极易进入灰尘的，所以除保持工作环境尽量干净外，还应定期用吸尘器或刷子等清除各部件的积尘，不用时要用罩子把机器罩起来。

四、防静电

静电释放的主要危害是毁坏电子元件的灵敏度。静电对微机造成的危害主要表现为如下现象：磁盘读写失败，打印机打印混乱，芯片被击穿甚至主机板被烧坏等。为避免静电释放的危害，通常在计算机维护过程中，其设备的外壳必须接地，一些电路板不使用时应包装在传导泡沫中，以避免静电伤害；维修人员在用手触摸芯片电路之前，应先把体内静电放掉。

五、电源

通常计算机应工作在交流电正常的范围 220V ± 10%，频率范围是 50Hz ± 5%，并且具有良好的接地系统，电压不稳易对计算机电路和器件造成损害；突然断电，则有可能会造成计算机内部数据的丢失，严重时还会造成计算机系统不能启动等各种故障，所以，要想对计算机进行电源保护，应该配备 UPS（不间断电源），保证计算机的正常使用。如有可能，应使用 UPS 来保护计算机，使得计算机在电源突然断电时能继续运行一段时间。

此外，个人的使用习惯对计算机的影响也很大，应养成好的使用习惯。

（1）正常开机

开机的顺序是：先打开外设（如打印机、扫描仪等）的电源；显示器电源不与主机电源相连的，还要先打开显示器电源，然后再开主机电源。关机顺序相反，先关闭主机电源，再关闭外设电源。其道理是尽量地减少对主机的损害，因为在主机通电的情况下，关闭外设的瞬间，对主机产生的冲击较大。

（2）不能频繁地开机、关机

因为这样对各配件的冲击很大，尤其是对硬盘的损伤更为严重。一般关机后距离下一次开机的时间，至少应有 10 秒钟。特别要注意当计算机工作时，应避免进行关机操作。尤其是机器正在读写数据时

突然关机，很可能会损坏驱动器(硬盘、软驱等)。

（3）不能在机器工作时搬动机器

即使机器未工作时，也应尽量避免搬动机器，因为过大的振动会对硬盘一类的配件造成损坏。

（4）关机时必须先关闭所有的程序，再按正常的顺序退出

否则有可能损坏应用程序。

第二节 计算机硬件维护

通常计算机硬件部分的维护主要包括如下部件：主板、CPU、内存、硬盘、显示器、显卡、鼠标和键盘等。

一、计算机主板的日常维护

计算机的主板是连接计算机中各种配件的桥梁，在计算机中的重要作用是不容忽视的。主板的性能好坏在一定程度上决定了计算机的性能，有很多的计算机硬件故障都是因为计算机的主板与其他部件接触不良或主板损坏所产生的，做好主板的日常维护，一方面可以延长计算机的使用寿命，更主要的是可以保证计算机的正常运行，完成日常的工作。计算机主板的日常维护主要应该做到：防尘和防潮，CPU、内存条、显示卡等重要部件都是插在主机板上，如果灰尘过多，则有可能导致主板与各部件之间接触不良，产生许多未知故障；如果环境太潮湿，主板很容易变形而产生接触不良等故障，从而影响使用。

二、CPU 的日常维护

CPU 作为计算机的核心部件，对计算机性能影响极大，要想延长 CPU 的使用寿命，保证计算机正常工作，首先要保证 CPU 工作在正常的频率下，CPU 的散热问题也是不容忽视的，如果 CPU 不能很好地散热，就有可能引起系统运行不正常、机器无缘无故重新启动、死机等故障，给 CPU 选择一款好的散热风扇是必不可少的。由于风扇转速可达 4 000 ～ 7 200 转 / 分钟，这就容易发生 CPU 与散热风扇的“共振”，导致 CPU 的 DIE 被逐渐磨损，引起 CPU 与 CPU 插座接触不良，因此，应选择正规厂家生产的散热风扇，正确安装扣具，防止共振。另外，如果机器一直工作正常的话就不要动 CPU，清理机箱清洁 CPU 以后，安装的时候一定注意要安装到位，以免引起机器不能启动故障。

三、内存条的日常维护

对于内存条来说，需要注意的是在升级内存条的时候，尽量要选择和以前品牌、外频一样的内存条来和以前的内存条来搭配使用，这样可以避免系统运行不正常等故障。

四、硬盘的日常维护

1. 硬盘正在工作时不可突然断电

当硬盘开始工作时，通常处于高速旋转状态，如若突然断电，可能会使磁头与盘片之间猛烈摩擦而损坏硬盘。因此，在关机时一定要注意硬盘指示灯是否还在闪烁，如果硬盘指示灯还在闪烁，说明硬盘的工作还没有完成，此时不宜马上关闭电源，只有当硬盘指示灯停止闪烁，硬盘结束工作后方可关机。

2. 注意保持环境卫生

在潮湿、灰尘和粉尘严重超标的环境中使用计算机时，会有更多的污染物吸附在印刷电路板的表面以及主轴电机的内部，影响硬盘的正常工作，在安装硬盘时要将带有印刷电路板的背面朝下，减少灰尘与电路板的接触；此外，潮湿的环境还会使绝缘电阻等电子器件工作不稳定，在硬盘进行读、写操作时极易产生数据丢失等故障。因此，必须保持环境卫生的干净，减少空气的潮湿度和含尘量。

3. 在工作中不可移动硬盘

硬盘是一种高精设备，工作时磁头在盘片表面的浮动高度只有几微米。当硬盘处于读写状态时，一旦发生较大的震动，就可能造成磁头与盘片的撞击，导致损坏。所以不要搬动运行中的计算机。在硬盘的安装、拆卸过程中应多加小心，硬盘移动、运输时严禁磕碰，最好用泡沫或海绵包装保护一下，尽量减少震动。

4. 控制环境温度

硬盘工作时会产生一定热量，使用中温度以 20 ～ 25℃为宜，温度过高会造成硬盘电路元件失灵，磁介质也会因热膨胀效应而影响记录的精确度；如果温度过低，空气中的水分就会凝结在集成电路元件上而造成短路。尽量不要使硬盘靠近如音箱、喇叭、电机、电视、手机等磁场，避免受干扰。

5. 不要自行打开硬盘盖

如果硬盘出现物理故障时，不要自行打开硬盘盖，因为如果空气中的灰尘进入硬盘内，在磁头进行读、写操作时会划伤盘片或磁头，如果确实需要打开硬盘盖进行维修的话，一定要送到专业厂家进行维修，千万不要自行打开硬盘盖。

五、显示器的日常维护

影响显示器使用寿命的因素主要有：

（1）环境的湿度

当室内湿度≥ 80%，显示器内部就会产生结露现象。其内部的电源变压器和其他线圈受潮后也易产生漏电，甚至有可能霉断连线；而显示器的高压部位则极易产生放电现象；机内元器件容易生锈、腐蚀、严重时会使电路板发生短路；而当室内湿度≤ 30%，又会使显示器机械摩擦部分产生静电干扰，内部元器件被静电破坏的可能性增大，影响显示器正常工作。所以，要注意保持计算机周围的环境湿度。当天气干燥时，适当增加一些空气的湿度，以防止静电对计算机的影响。

（2）避免强光照射显示器

显示器在强光的照射下容易加速显像管荧光粉的老化，降低发光效率，故在摆放计算机时应尽量避免将显示器摆放在强光照射的地方。

（3）注意保持计算机周围的卫生环境

防止灰尘对显示器寿命的影响。

（4）减少计算机周围电磁场的干扰。

六、显卡和声卡的日常维护

显卡也是计算机的一个发热大户，现在的显卡都单独带有一个散热风扇，平时要注意一下显卡风扇的运转是否正常，是否有明显的噪声，或者是运转不灵活，转一会儿就停等现象，如发现有上述问题，要及时更换显卡的散热风扇，以延长显卡的使用寿命。对于声卡来说，必须要注意的一点是，在插拔麦克风和音箱时，一定要在关闭电源的情况下进行，千万不要在带电环境下进行上述操作，以免损坏其他配件。

七、鼠标和键盘

鼠标和键盘是我们在日常使用计算机时最常用的输入设备，所以鼠标和键盘的维护也显得非常重要。

1. 鼠标

常见的鼠标通常有机械式、光电式等。下面介绍两种常见类型的鼠标维护方法。

（1）机械式鼠标

机械鼠标在使用了一段时间后，橡胶球带入的黏性灰尘附着在传动轴上，会造成传动轴传动不均甚至被卡住，导致灵敏度降低，控制起来不会像刚买时那样方便灵活。这时候，只需要将鼠标翻过来，摘下塑料圆盖，取出橡胶球，用沾有无水酒精的棉球清洗一下然后晾干，再重新装好，就可以恢复正常了。

（2）光电式鼠标

使用光电鼠标时，要特别注意保持感光板的清洁和感光状态良好，避免污垢附着在发光二级管上，遮挡光线的接收。无论是在任何紧急情况，都要注意千万不要对鼠标进行热插拔。这样做极易把鼠标和接口烧坏。此外，鼠标能够灵活操作的一个条件是鼠标具有一定的悬垂度。长期使用后，随着鼠标底座四角上的小垫层被磨低，导致鼠标球悬垂度随之降低，鼠标的灵活性会有所下降。这时将鼠标底座四角垫高一些，通常就能解决问题。垫高的材料可以用办公常用的透明胶纸等，一层不行可以垫两层或更多，直到感觉鼠标已经完全恢复了灵活性为止。

2. 键盘

在键盘的日常维护中，需要注意以下几个方面问题。

（1）保持键盘的清洁卫生

沾染过多的尘土会给键盘的正常工作带来困难，有时甚至出现错误操作。因此要定期清洁键盘表面的污垢，日常的清洁可以用柔软干净的湿布擦拭键盘，对于难以清除的污渍可以用中性清洁剂或计算机专用清洁剂进行处理，最后再用潮湿布擦洗并晾干。对于缝隙内的清洁可以用棉签处理，所有的清洁工作都不要用医用酒精，以免对塑料部件产生腐蚀。注意：清洁过程要在关机状态下进行，使用的湿布不要过湿，以免滴水进入键盘内部。

（2）不要把液体洒到键盘上

由于目前的大多数键盘没有防水装置，一旦有液体流进，就会使键盘受损，导致接触不良、腐蚀电路或短路等故障。如果有意外的大量液体进入键盘，应立即关机断电，将键盘接口拔下。先清洁键盘表面，再打开键盘用吸水布(纸)擦干内部积水，并在通风处自然晾干。充分风干后，再确定一下键盘内部完全干透，方可试机，以免短路造成主机接口的损坏。

（3）操作键盘

击键不要用力过大，防止按键的机械部件受损而失效。

（4）更换键盘

必须在切断计算机电源的情况下进行，有的键盘壳有塑料倒钩，拆卸时需要格外留神。

总之，保养和维护好你的个人计算机，可以最大限度地延长计算机的使用寿命，对计算机新用户来说，是一个非常重要的问题。

第三节 计算机软件维护

一、设备管理器

我们可以借助设备管理器查看计算机中所安装的硬件设备、设置设备属性、安装或更新驱动程序、停用或卸载硬件，可以说是功能非常强大。当我们重新安装系统后，首先应该打开它，看所有的硬件是否处于正常工作的状态。如果有问题，通常会出现一些问题符号。

①红色的“×”，一般有两种可能，一种是安装的硬件设备互相之间有严重冲突；另外一种就是人为地停用某些设备以节省系统资源(特别是对于笔记本电脑)。

②黄色的“!”，一般也有两种可能，一种是表明此设备有资源冲突，还有可能指该硬件未安装驱动程序或驱动程序安装不正确。

③黄色的“?”，表示该硬件未能被操作系统所识别。一般情况下，只要你安装正确的驱动程序，硬件设备都能被系统识别并正常工作。

二、显示器屏保设置

Windows 中自带的屏幕保护程序最早是为 CRT 显示器设置的，主要目的是为了防止电子束长期轰击荧光层的相同区域，导致屏幕老化。对 LCD 而言，屏幕上显示的五颜六色反复运动的屏幕保护程序无疑会加重液晶的负担。大家可以使用“黑屏”作为屏保，或在电源管理中，设置成无人使用 15 分钟之后自动关闭状态。

三、磁盘的维护

你是否有感觉，电脑怎么越用越慢呢？因为你使用一段时间后，一是硬盘里装的东西越来越多，当你想使用某一软件时，从硬盘里调取文件速度肯定变慢，因为原来它可能只要转 100 圈就能找到这个文件，但是东西一多，它可能要转 200 圈甚至更多圈才能找到；二是经常对磁盘进行读写、删除等操作，使一个完整的文件被分成不连续的几块，存储在磁盘中，这种分散的文件块即称为“磁盘碎片”。微软给我们提供了两个强大的磁盘工具：“磁盘清理程序”和“磁盘碎片整理程序”。建议每隔一个月对硬盘使用这两个工具。另外，建议不要把重要资料放在系统盘下(因为系统盘很容易出现问题)，如果不可避免，就提前做好备份工作。

四、操作系统和各应用软件的维护

尽量把系统软件和各应用软件打好补丁，删除程序时，应当到控制面板中的删除 / 添加程序，或者使用软件自带的卸载程序进行删除，不能直接删除文件夹。

五、计算机中毒的常见症状

电脑无缘无故经常死机：病毒打开了许多文件或占用了大量内存；使用了一些测试软件有许多 BUG；硬盘空间不够等原因。

文件打不开：病毒修改了文件格式；文件损坏；硬盘损坏；原来编辑文件的软件被删除了等原因。

系统提示硬盘空间不够：病毒复制了大量的病毒文件，导致空间不够；所以软件都集中安装在一个分区内；硬盘每个分区容量太小等原因。

系统无法启动：病毒修改了硬盘的引导信息，或删除了某些启动文件；系统文件人为地误删除等原因。

出现大量来历不明的文件：病毒复制的文件；一些软件安装中产生的临时文件；或许是一些软件的配置信息及运行记录等原因。

经常报告内存不够：病毒非法占用了大量内存；系统配置不正确；运行了需内存资源的软件等原因。

启动黑屏：病毒感染；显示器故障；显示卡故障；主板故障；超频过度；CPU 损坏等原因，问题比较严重。

系统自动执行操作，异常要求用户输入口令：病毒在后台执行非法操作；用户在注册表或启动组中设置了有关程序的自动运行；某些软件安装或升级后需自动重启系统等原因。

系统运行速度非常慢：病毒占用了内存和 CPU 资源，在后台运行了大量非法操作；硬件配置低；系统配置不正确；打开的程序太多等原因。

无故丢失数据和程序：病毒删除了文件；硬盘扇区损坏；因恢复文件而覆盖原文件等原因。

通过对以上现象的分析，我们知道了病毒的破坏能力很强，比如，CIH 病毒可以破坏硬件，所以，中了病毒一定不能忽略。

六、重装系统以及 Ghost 硬盘

如果有解决不了的问题只要重装系统就可以解决了，但是，不要一遇到问题就去重装系统，首先你的电脑水平不能得到提高，其次总是格式化硬盘，对硬盘很不利。建议大家去使用 Windows 系统优化软件，比如 Windows 优化大师，超级兔子等软件。

第四节 笔记本电脑的日常维护

笔记本电脑作为一种便携的移动式计算设备，平时需要注意以下一些情况。

（1）震动

包括跌落，冲击，拍打和放置在较大震动的表面上使用，系统在运行时外界的震动会使硬盘受到伤害甚至损坏，震动同样会导致外壳和屏幕的损坏。

（2）湿度

潮湿的环境也对笔记本电脑有很大的损伤，在潮湿的环境下存储和使用会导致电脑内部的电子元件遭受腐蚀，加速氧化，从而加快电脑的损坏。

（3）清洁度

保持在尽可能少灰尘的环境下使用电脑是非常必要的，严重的灰尘会堵塞电脑的散热系统以及容易引起内部零件之间的短路而使电脑的使用性能下降甚至损坏。

（4）温度

保持电脑在建议的温度下使用也是非常有必要的，在过冷和过热的温度下使用电脑会加速内部元件的老化过程，严重的甚至会导致系统无法开机。

（5）电磁干扰

强烈的电磁干扰也将会造成对笔记本电脑的损害，例如电信机房，强功率的发射站以及发电厂机房等地方。

（6）液晶显示屏的保养

液晶显示屏（LCD）是笔记本电脑最重要的输出设备，也是最娇贵的部件了，平时尽量避免让LCD遭到正面的外力冲击，比如压，砸，打等，如果经常长时间使用笔记本，一般2年左右屏幕的亮度会变暗、发黄，这就是液晶显示屏的老化。它不能和台式机一样长时间开机。显示屏本身并不能发光，它是用背光灯管照亮，而灯管是有使用寿命的，达到一定时间后液晶屏的亮度就基本减小了一半。笔记本电脑的液晶屏幕使用寿命一般是5年。

（7）清洁

①绝对禁止用水或者含有酒精等腐蚀性的液体清洁液晶屏幕。这是因为液晶有很强的透水性，如果您不想屏幕因为进水而出现彩色水波纹的话，切记这一点。

②绝对禁止在液晶屏表面倾倒任何液体，如在液晶屏表面喷射清洁剂时，以不往下流为准。

③不要把清洁剂直接喷到键盘上。

④请使用专用的液晶屏清洁剂，清洗液晶屏幕。

⑤禁止使用粗布清洁，以免损伤表面。

（8）防水

水可谓是笔记本电脑的“天敌”，除了要尽量避免在电脑边喝饮料、吃水果外，还应注意不要将机器保存在潮湿处，严重的潮气会损害液晶显示屏内部的元器件。特别值得注意的是，在冬天和夏天，进出有暖气或空调的房间时，较大的温差也会导致“结露现象”发生，用户此时给LCD通电也可能会导致液晶电极腐蚀，造成永久性的损害。为此我们也建议您的环境温度变化不应大于10℃。一旦发生屏幕进水的情况，若只是在开机前发现屏幕表面有雾气，用软布轻轻擦掉再开机就可以了。如果水分已经进入 LCD，则应把 LCD 放在较温暖的地方，比如说，台灯下，将里面的水分逐渐蒸发掉。在梅雨季节，大家也要注意定期运行一段时间笔记本电脑，以便加热元器件驱散潮气，可以在笔记本包里放上一小包防潮剂。

（9）避免晃动

笔记本电脑屏幕开合的衔接部位，这个部位是非常容易损坏的。许多笔记本电脑在用了一段时间后就会出现屏幕变得非常松动的问题，严重者已经不能锁定在某一个角度了，只能靠别的物体支撑着才行。同时这个衔接的部位也是很容易裂开的，因此，您在每次开合笔记本电脑屏幕的时候都应尽量轻一些、慢一些。并且在平时使用笔记本电脑时，也应避免让屏幕频繁地前后晃动（例如，在颠簸的车上，将笔记本放置在腿上时尽量减少屏幕的晃动），这种问题出现的几率就会大大减少，切忌开合速度过快过猛。

本章学习重点：

1. 了解计算机硬件维护的基本知识。
2. 了解计算机软件维护的基本知识。

思考题：

1. 在关闭计算机后至少停留 10 秒钟再开机，这样做的原因是什么？

2. 试着用所学知识给自己的计算机做个清洁保养，并解决计算机出现的异常现象。

第五章 计算机使用常见问题

第一节 计算机经常死机的问题与解决办法

一、计算机死机的情况

在电脑故障现象中，死机是一种常见的故障，同时也是难于找到原因的故障之一。根据电脑死机发生时的情况可将其分为四大类。

第一类，开机过程中出现死机。在启动计算机时，只听到硬盘自检声而看不到屏幕显示，或干脆在开机自检时发出鸣叫声但计算机不工作、或在开机自检时出现错误提示等。

第二类，在启动计算机操作系统时发生死机。屏幕显示计算机自检通过，但在装入操作系统时，计算机出现死机的情况。

第三类，在使用一些应用程序过程中出现死机。计算机一直都运行良好，只在执行某些应用程序时出现死机的情况。

第四类，退出操作系统时出现死机。就是在退出 Win98 等系统或返回 DOS 状态时出现死机。

死机的原因大概有千千万万种，究其原因只有两个方面：一方面是由电脑硬件引起的；另一方面是软件设计不完善或与系统其他正在运行的程序发生冲突。

二、遇到死机故障后一般的检查处理方法

1. 首先排除因电源问题带来的“假”死机现象

应检查电脑电源是否插好，电源插座是否接触良好，主机、显示器以及打印机、扫描仪、音箱等主要外接电源的设备电源插头是否可靠地插入了电源插座，上述各部件的电源开关是否都处于打开状态。

2. 检查连接线

检查电脑各部件间数据、控制连线是否连接正确和可靠，插头间是否有松动现象。尤其是主机与显示器的数据线连接不良常常造成“黑屏”的假死机现象。

3. 排除病毒感染引起的死机现象

①使用金山毒霸进行全盘查杀（下图）。

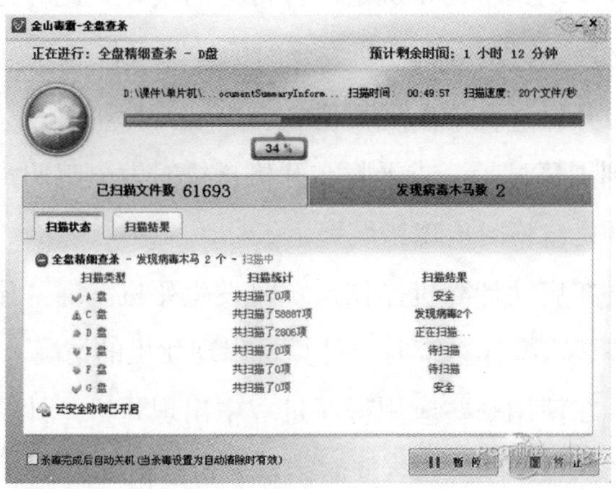

（2）使用系统修复功能，修复出现问题的系统文件（下图）。

4. 排除软件安装、配置问题引起的死机现象

一般的做法是恢复系统在安装前的各项配置，删除新安装程序也是解决冲突的方法之一。

5. 排除因使用、维护不当引起的死机现象

电脑在使用一段时间后也可能因为使用、维护不当而引起死机，尤其是长时间不使用电脑后常会出现此类故障。比如：积尘导致系统死机，部件受潮引起死机，板卡、芯片氧化导致接触不良，板卡、外设接口松动导致死机等。

6. 排除因硬件安装不当引起的死机现象

比如部件安装不到位、插接松动、连线不正确引起的死机，显示卡与 I/O 插槽接触不良常常引起显示方面的死机故障，如“黑屏”等，要排除这些故障，只须将相应板卡、芯片用手摁紧，或从插槽（插座）上拔下重新安装。如果有空闲插槽（插座），也可将该部件换一个插槽（插座）安装以解决接触问题。

第二节 计算机无法正常开机的问题与解决办法

当计算机无法正常开机时，通常采用以下解决办法。

➢ 首先检查电脑的外部接线是否接好，把各个连线重新插一遍，看故障是否排除。

➢ 如果故障依旧，接着打开主机箱查看机箱内有无多余金属物，或主板变形造成的短路，闻一下机箱内有无烧焦的糊味，主板上有无烧毁的芯片，CPU 周围的电容有无损坏等。

➢ 如果没有，接着清理主板上的灰尘，然后检查电脑是否正常。

➢ 如果故障依旧，接下来拔掉主板上的 Reset 线及其他开关、指示灯连线，然后用改锥短路开关，看能否开机。

➢ 如果不能开机，接着使用最小系统法，将硬盘、软驱、光驱的数据线拔掉，然后检查电脑是否能开机，如果电脑显示器出现开机画面，则说明问题在这几个设备中。接着再逐一把以上几个设备接入电脑，当接入某一个设备时，故障重现，说明故障是由此设备造成的，最后再重点检查此设备。

➢ 如果故障依旧，则故障可能由内存、显卡、CPU、主板等设备引起。接着使用插拔法、交换法等方法分别检查内存、显卡、CPU 等设备是否正常，如果有损坏的设备，更换损坏的设备。

➢ 如果内存、显卡、CPU 等设备正常，接着将 BIOS 放电，采用隔离法，将主板安置在机箱外面，接上内存、显卡、CPU 等进行测试，如果电脑能显示了，接着再将主板安装到机箱内测试，直到找到故障原因。如果故障依旧则需要将主板返回厂家修理。

➢ 当电脑开机启动时，系统 BIOS 开始进行 POST（加电自检），当检测到电脑中某一设备有致命错误时，便控制扬声器发出声音报告错误，因此可能出现开机无显示有报警声的故障，故障可以根据 BIOS 报警声（短音及长音）的含义，来检查出现故障的设备，以排除故障。

➢ 如果以上方法依然无法解决问题，请与厂商联系维修。

第三节 计算机无法上网的原因及解决办法

当计算机无法上网时，通常采用以下方法。

1. 检测网络是否连接正常

①首先查看电脑屏幕的右下角网络链接图标有无打叉，如下图所示。

如果打叉了，就是网络不通。解决方法：看看网线是否插紧，再将电脑上插的网线和墙上插板上的网线都插紧；如果是网线坏了，或者网线卡不紧，换条网线即可。

②如果两个小电脑图标上没打叉，出现了感叹号，如下图所示。

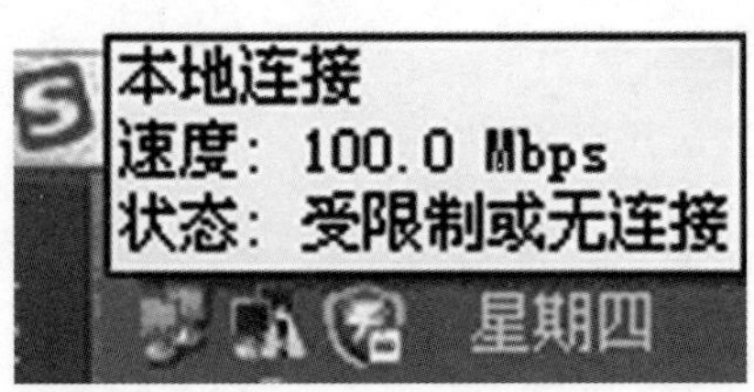

解决方法：在 Windows XP/2000 操作系统中，依次单击开始 / 所有程序 / 附件 / 通信 / 网络连接命令，打开“网络连接”窗口，接着检查“本地连接”的状态。如果本地连接的图标是两个小电脑闪亮，提示“已连接上”，这代表电脑的线路是正常的，网卡基本能正常工作，不能上网可能是由于操作系统设置不当或软件限制等原因引起的（下图）。

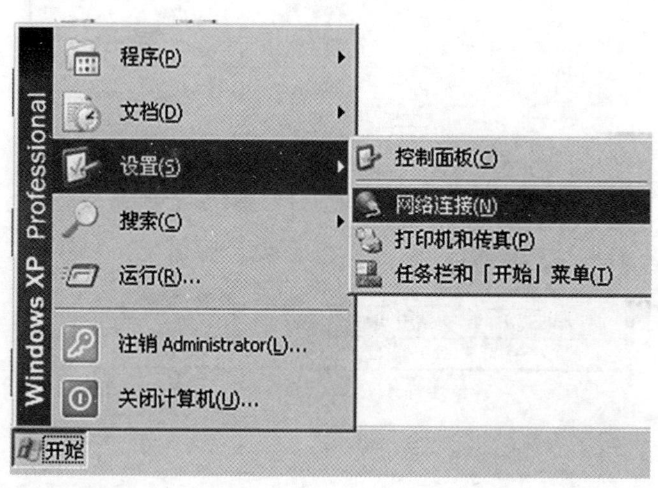

单击如图中的“网络连接”（下图），打开“网络连接”窗口，

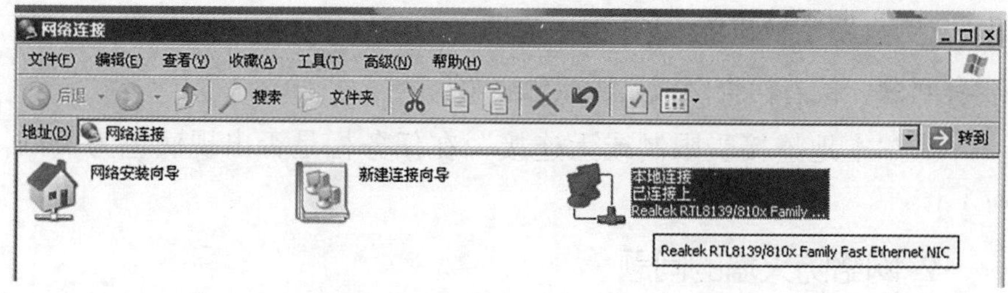

如下图则表示本地网络已经连接。

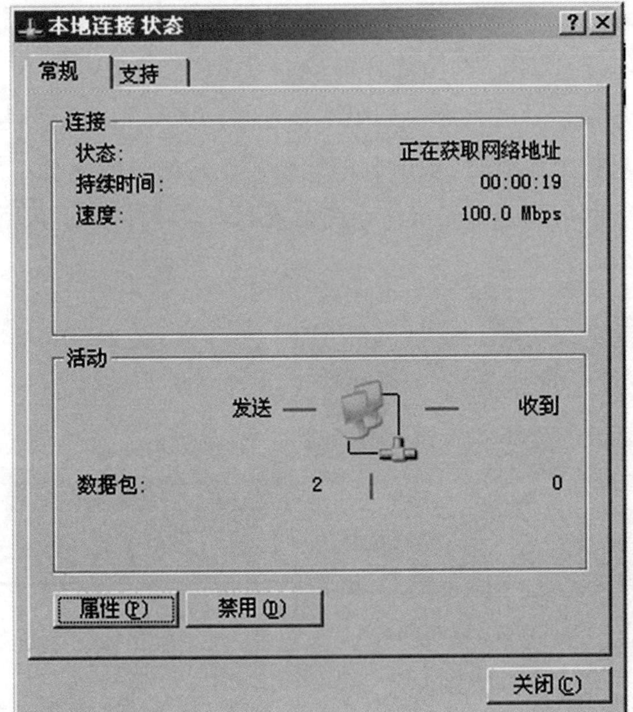

③如果“网络连接”窗口中的本地连接图标是灰色，说明本地连接（网卡）被禁用了，这时只须双击本地连接图标重新启用即可。

④如果“网络连接”窗口中本地连接图标提示“本地电缆被拔出”，则表明交换机或 HUB 到用户网卡的网线接头有一端松动了或网线有问题，接着检查网线是否接触良好。

⑤“本地连接受限制或无连接”在任务栏是否出现底色为黄的（！）。

2. 网络防火墙的问题

如果网络防火墙设置不当，如安全等级过高、不小心把 IE 放进了阻止访问列表、错误的防火墙策略等，可尝试检查策略、降低防火墙安全等级或直接关掉防火墙试试是否恢复正常。

3. IE 浏览器本身的问题

当 IE 浏览器本身出现故障时，自然会影响到浏览了；或者 IE 被恶意修改破坏也会导致无法浏览网页。这时可以尝试用“金山毒霸安全助手”来修复。

4. 网络协议和网卡驱动的问题

IE 无法浏览，有可能是网络协议（特别是 TCP/IP 协议）或网卡驱动损坏导致，可尝试重新网卡驱动和网络协议。

5. 感染了病毒所致

在这种情况下，要用杀毒软件进行病毒查杀。同时，计算机要及时升级、安装一些必要的系统补丁程序。如上述方法仍不能清除病毒，可以重装操作系统。

第四节 上网速度慢的原因及解决办法

对于上网速度慢的问题可从以下方面找原因，并寻求解决方法。

①参考无法上网的原因检查网络环境。

②网络自身的问题。您想要连接的目标网站所在的服务器带宽不足或负载过大。处理办法很简单，请换个时间段再上或者换个目标网站。

③网线问题导致网速变慢。双绞线是由四对线按严格的规定紧密地绞合在一起的，用来减少串扰和背景噪音的影响，因不按正确标准制作的网线可能引起的网速变慢，同时也和网卡的质量有关。

④路由器广域网端口和局域网端口、交换机端口、集线器端口和服务器网卡等都可能成为网络瓶颈。当网速变慢时，我们可在网络使用高峰时段，利用网管软件查看路由器、交换机、服务器端口的数据流量。

⑤蠕虫病毒的影响导致网速变慢。通过 E-mail 散发的蠕虫病毒对网络速度的影响越来越严重，因此，我们必须及时升级所用杀毒软件，计算机也要及时升级、安装系统补丁程序，同时卸载不必要的服务，关闭不必要的端口，以提高系统的安全性和可靠性。

⑥防火墙的过多使用。防火墙的过多使用也可导致网速变慢，处理办法就是卸载不必要的防火墙只保留一个功能强大的足以。

⑦系统资源不足。您可能加载了太多的运用程序在后台运行，请合理的加载软件或删除无用的程序及文件，将资源空出，以达到提高网速的目的。

本章学习重点：

1. 熟练掌握可能引起计算机异常的各种因素。
2. 熟练掌握计算机上网需要注意的事项。

思考题：

安装好网络环境，学会上网的步骤并从网上下载一个杀毒软件，比如360安全卫士、瑞星杀毒等，安装在计算机上，并设置每天自动查杀病毒，或养成习惯每天手动查杀病毒。

第六章 计算机网络与安全

随着计算机技术的快速发展与普及，计算机网络正以前所未有的速度向世界的每一个角落延伸。计算机网络应用领域极其广泛，包括现代工业、军事国防、企业管理、科教卫生、政府公务、安全防范、智能家电等。网络已经成为我们生活中不可或缺的一部分，例如，因特网、局域网，甚至手机通信的 GPRS、3G，生活中到处反映着网络的力量。同时，网络展示、电子营销等给农业企业创造了新的商机。掌握计算机网络操作技能、了解基本的网络和信息安全知识，对我们在网络化时代正确的使用和管理信息是非常重要的。

第一节 计算机网络

一、计算机网络概述

计算机网络，是指将地理位置不同的具有独立功能的多台计算机及其外部设备，通过通信线路连接起来，在网络操作系统、网络管理软件及网络通信协议的管理和协调下，实现资源共享和信息传递的计算机系统。

简单地说，计算机网络就是一组通过一定形式连接起来的计算机。

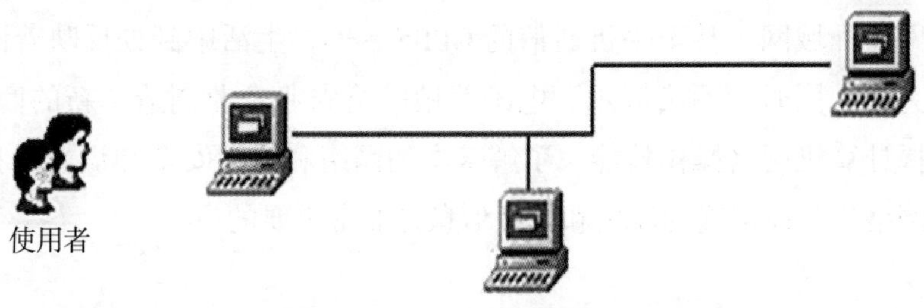

一般来说，计算机网络至少具备数据处理和数据通信两种能力。从这个前提出发，计算机网络可以从逻辑上被划分成两个子网：资源子网和通信子网，如下图所示。

资源子网完成网络的数据处理功能，向网络用户提供各种网络资源和网络服务。资源子网主要由主机、终端、终端控制器、各种连网的共享外部设备、软件和数据资源组成。

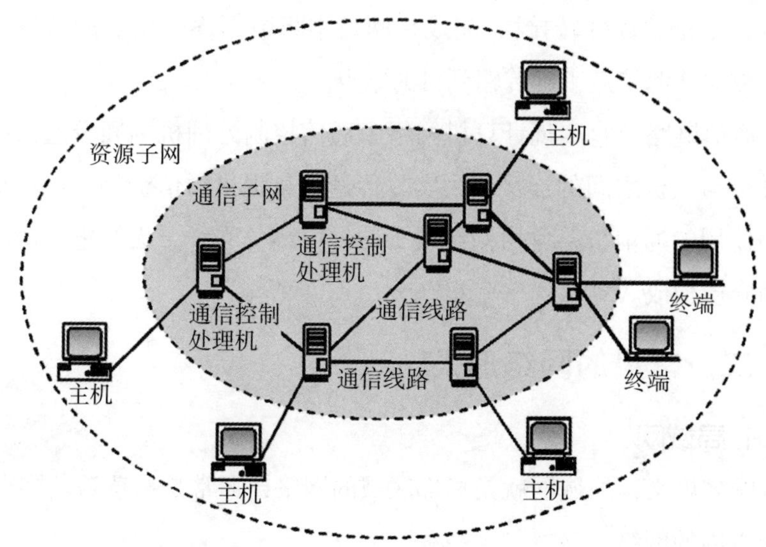

主机：包括大型计算机、中型计算机、小型计算机、服务器和微型计算机，它是资源子网的主要组成单元，主机通过通信线路与通信控制处理机相连接。

终端：包括只具备简单输入、输出功能的普通终端和具有一定存储、处理能力的智能终端，它是网络用户访问网络的界面。终端通过主机或终端控制器与通信控制处理机相连接。

软件：包括本地系统软件、网络通信软件和用户应用程序。

数据：包括公共数据库等。

通信子网完成网络的数据传输功能。通信子网由通信控制处理机（又称网络结点）、通信链路及相关软件组成。

通信控制处理机：这是一种在计算机网络中实现通信控制功能的专用计算机，例如集线器、交换机、路由器、网络协议转换器等。它主要起到两个作用：一是“入网接口”，完成将主机和终端连接到网络上；二是“数据转接”，完成在网络中将数据逐个结点的转发，以实现数据从源结点正确传输到目的结点。

通信链路：它实现计算机网络中通信控制处理机之间及通信控制处理机与主机之间的连接，为实际传送信息提供通信链路。计算机网络中使用的通信链路常由双绞线、同轴电缆、光纤、无线电、微波等传输介质构成。

二、常见的网络形式

1. 局域网

顾名思义，局域网就是局部区域的网络，通常是指覆盖范围在 10 千米以内的网络。

将数公里范围内的几台到数百台计算机通过通信线缆连接起来而形成的计算机系统称为局域网 LAN（Local Area Network）。通常在学校、企业、大型建筑物中使用。局域网的特点是传输速度快、可靠性高。如校园网、单位内部网。

2. 广域网

通过网络连接设备（如网关、网桥等）将局域网再延伸出去更大的范围，比如，整个城市甚至整个国家，这样的网络我们称为广域网（WAN，Wide Area Network）。

3. 因特网

因特网又称 Internet，是目前覆盖范围最大的开放式计算机网络，由无数的 LAN 和 WAN 共同组成。

从广义上讲，Internet 是遍布全球的联络各个计算机平台的总网络，是成千上万信息资源的总称；从本质上讲，Internet 是一个使世界上不同类型的计算机能交换各类数据的通信媒介。

三、网络的基本功能和用途

1. 网络的基本功能

计算机网络的功能很多，其中，最重要的 3 个功能是：数据通信、资源共享、分布处理。

（1）数据通信

数据通信是计算机网络最基本的功能。支持用户之间的数据传输，如电子邮件、文件传输、IP 电话、视频会议等。

（2）资源共享

硬件共享：用户可以使用网络中任意一台计算机所连接的硬件设备，包括利用其他计算机的中央处理器来分担用户的处理任务。例如：同一网络中的用户共享打印机、共享硬盘空间等。

软件共享：用户可以使用远程主机的软件（系统软件和用户软件），既可以将相应软件调入本地计算机执行，也可以将数据送至对方主机，运行软件，并返回结果。

数据共享：网络用户可以使用其他主机和用户的数据。

（3）分布处理

对于大型的课题，可以分为许许多多的小题目，由不同的计算机分别完成，然后再集中起来解决问题。

网络的基本用途：信息共享与办公自动化。包括：①电子邮件；② IP 电话；③在宽带计算机网络中，可以实现在线实时新闻和现场直播；④在线游戏；⑤网上交友和实时聊天；⑥电子商务及商业应用；⑦文件传输；⑧网上教学与远程教育；网上冲浪等。

2. 网络接入方法

网络接入是指用户计算机或局域网接入广域网，即用户终端与互联网服务商（ISP）的互连。用户主机或局域网通常都是通过接入网接入广域网，接入网是一种公共设施，一般由电信部门组建，是本地交换机与用户设备之间的网络环境。下面介绍常见的网络接入。

（1）拨号上网

拨号上网是传统的借助于电话网接入因特网的技术。拨号上网需要具备调制解调器（Modem）、拨号软件，通过 Modem 与 ISP 的远程拨号服务器连接，远程拨号服务器监听到用户的请求后，提示输入个人帐号和口令，然后检查输入的帐号和口令的合法性，验证通过后接入因特网。

（2）ADSL

ADSL 是通过现有的电话线传输数据，其下行速率最高可达 8M，上行速率最高可达 1M，ADSL 的最大传输距离为 5.5 千米。ADSL 能在现有电话线上传输高带宽数据，用户只需拥有一条电话线，申请开通宽带业务后即可轻松上网。

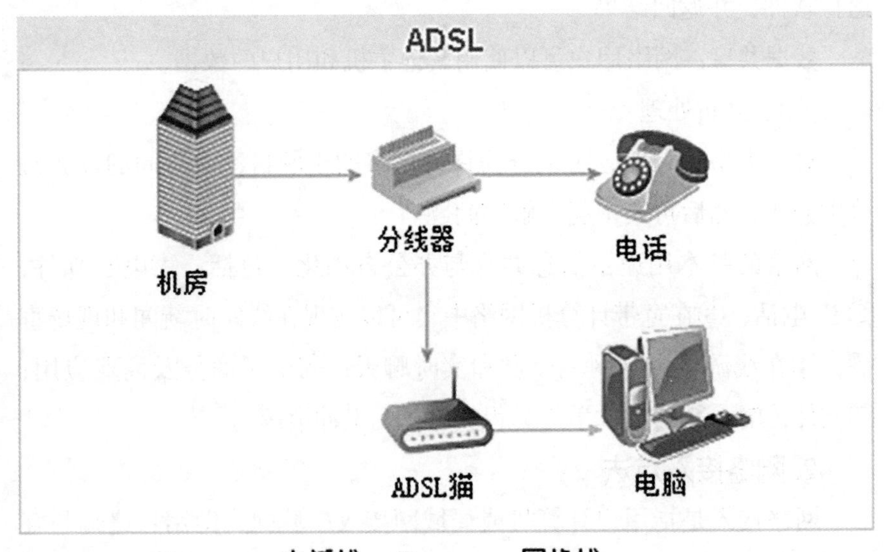

（3）光纤接入

光纤宽带就是把要传送的数据由电信号转换为光信号进行通讯，是宽带网络中多种传输媒介中最理想的一种，它的特点是传输容量大，传输质量好，损耗小，传送距离长等。光纤传输通常指把小区里的多个用户的数据分别调制成不同波长的光信号在一根光纤里传输。例如，中国电信首先通过光纤将互联网接到小区或大厦，再通过网线连接到用户家中。用户只需一台电脑和一块以太网卡，就可轻松享受宽带网络带来的无穷乐趣。

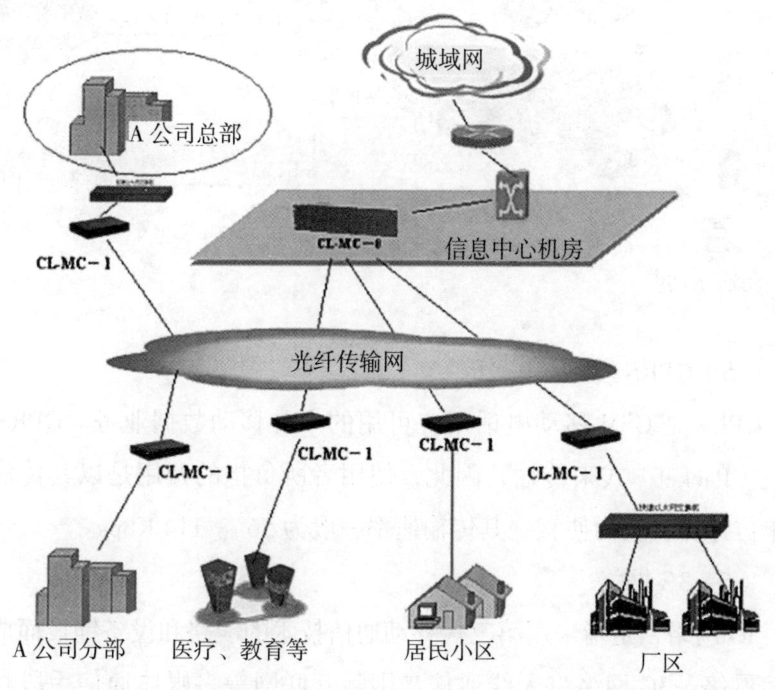

光纤宽带和 ADSL 接入方式的区别是：ADSL 是一人享用一根电话线上网，在这根电话线里还有你的电话机使用的语音信号；而光纤宽带则是通到小区，然后分别通过超 5 类网线通到各用户，这样既可以

上网也可以打电话，小区里的用户共享一根光纤足够了。

（4）WIFI

WIFI 是一种无线网络传输技术。实际上就是把有线网络信号转换成无线信号，供支持其技术的相关电脑，手机，PDA 等接收。WIFI 信号是由有线网提供的，比如，家里的 ADSL、小区宽带等，只要接一个无线路由器，就可以把有线信号转换成 WIFI 信号，城市里宾馆饭店、政府办公楼等很多都提供的 WIFI 信号可供使用。

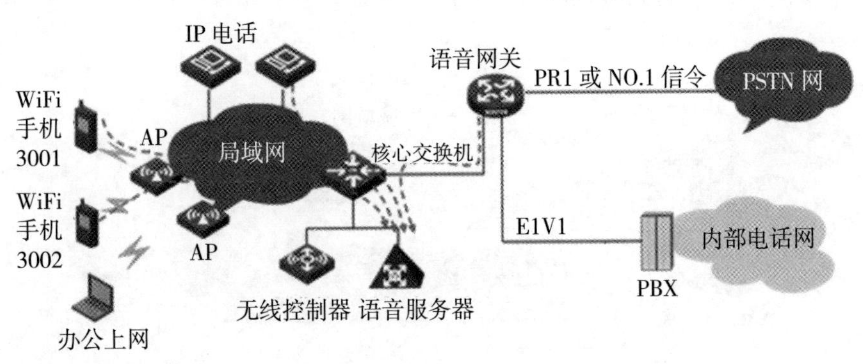

（5）GPRS

GPRS 是 GSM 移动电话用户可用的一种移动数据业务。GPRS 以封包（Packet）式来传输，因此，使用者所负担的费用是以其传输资料单位计算，较为便宜，其传输速率一般为 56 ～ 114 Kbps。

（6）3G 网络

3G 网络，是指采用第三代移动通信技术的线路和设备铺设而成的通信网络。3G 网络将无线通信与国际互联网等多媒体通信手段相结合，是新一代移动通信系统。其特点是基于现有的移动互联网，能够同时传送声音（通话）及数据信息（电子邮件、即时通信、网页浏览等）、速度快、传输稳定。

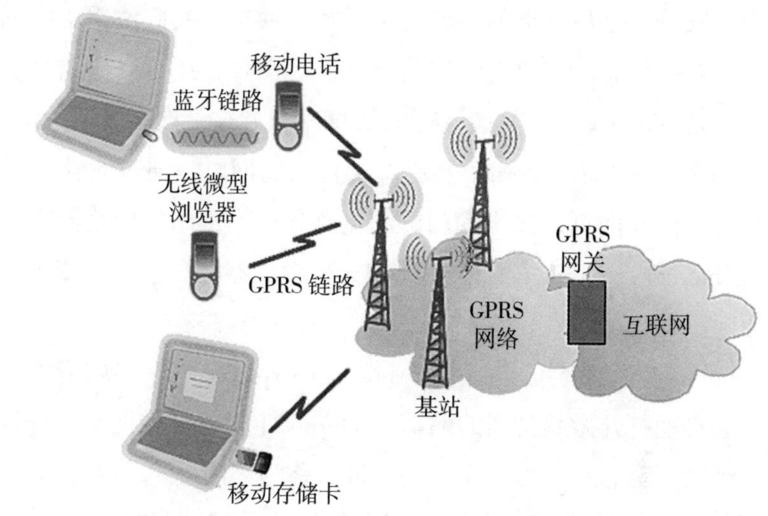

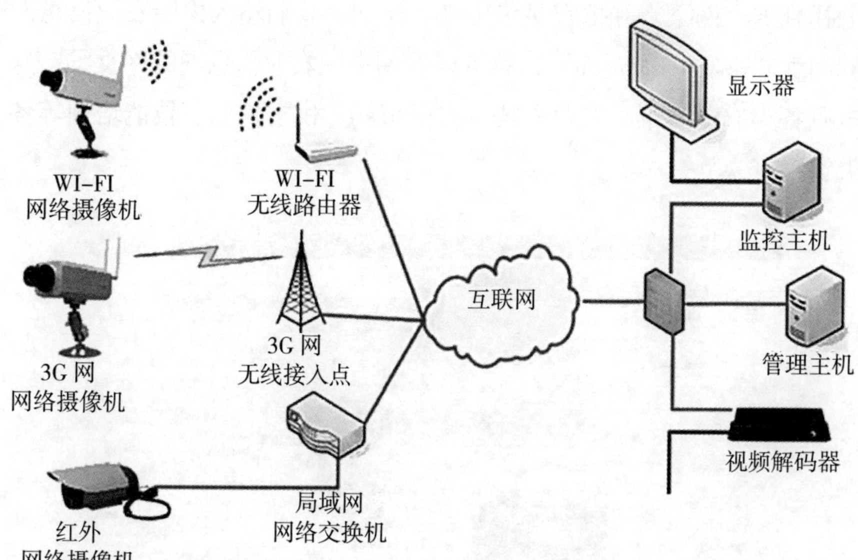

3. 浏览因特网

通过浏览 www 网页的方式，在因特网上获取所需的各种信息，进行工作、娱乐，是最常见的一种网络服务。通常，我们使用访问网页的方法来获得信息。网页上可以显示文字、图片，还可以播放声音和动画，它是 Internet 上目前最流行的信息发布方式。许多企业、组织、政府部门和个人都在 Internet 上建立了自己的网页，通过它让全世界了解自己。访问网页，要用专门的浏览器软件。常用的浏览器有微软公司的 Internet Explorer（简称 IE）和火狐浏览器等。它们的使用方法几乎相同。

Windows 操作系统已经自带了 Internet Explorer，第一次使用 IE 浏览器，会自动打开微软公司的网页。Internet 上像这样的网页有许许多多，每个网页都有一个独一无二的地址，称为“网址”。我们只要在浏览器的这个“地址栏”里输入网页的地址，浏览器就会在 Internet 上找到那个网页，并把它显示出来。比如，我们输入中国农业信息网的网址“www.agri.gov.cn”，就可以看到中国农业信息网的网页了，这里有各类农业政策、农业科技、农资市场、供求信息、技能培训等各类资料。

在上面这个例子中，当我们在地址栏输入“www.agri.gov.cn”后，网络浏览器会自动在其前面添加“http://”而变为 http://www.agri.gov.cn，这就是“中国农业信息网”在 Internet 上的完整地址。我们以该网址为例，了解网址各部分的含义。

（1）http

http 表示“超文本传输协议”（Hyper Text Transfer Protocol，简称 http），是网站上发布和接收网页必须遵守的一种网络传输标准。因为我们使用的大多数网页是使用超文本传输协议的文件，大多数浏览器不要求我们键入“http://”部分而能自动加上前缀 http://。如果网站使用其他协议来提供不同的服务，则地址的开头会相应变化，例如使用“文件传输协议”（ftp）的站点地址就是以 ftp://ftp 开头的（ftp 是一种文件传输协议，本书不作深入介绍）。

（2）www

“www”是英文 World Wide Web 的简称，英文翻译成“万维网”，是由全球许许多多 Internet 站点构成的一个庞大的计算机网络。我们可以通过万维网浏览文本、图片、动画等各种信息。万维网常被当成 Internet 的同义词，其实，万维网只是 Internet 提供的众多信息服务中的一项。

（3）域名

我们访问的任何一个网站都是由链接到 Internet 上的计算机或计算机组来支持的，这些支持不同网站的计算机或计算机组被称为“主机”。在 Internet 上，主机是用一串以点分隔开的数字串表示的（如 202.106.122.19），这个数字串被称为 IP 地址。由于数字串很复杂不好记，于是就用某个更直观、更容易记忆的名称跟 IP 地址相对应。这种与 IP 地址相对应的、命名这些计算机的名称即该网站的域名。如“agri.gov.cn”就是“中国农业信息网”的域名。

域名的第一部分（例如，agri）大多表示网站的名称，用英文字母、阿拉伯数字或者两者结合来表示，agri 是农业的英文简称，而“神农网”的名称“sn110”就是英文字母和阿拉伯数字的结合（完整网址是 http://www.sn110.com）。

域名的第二部分（如 gov）表示网站所属机构的性质，中国农业信息网属于政府公益型网站，所以，用政府（Government）的简称“gov”来表示。而神农网是商业网站，因此，用公司（Company）的简称“com”来表示。下表列出了常见机构在域名中的统一标识。

子域名英文	机构性质	子域名英文	机构性质
com	商业部门	org	非营利组织
gov	政府部门	net	网络服务机构
edu	教育部门	int	国际组织

4. 收发电子邮件

电子邮件 E-Mail（Electronic Mail）是用户或用户组之间通过计算机网络收发信息的服务。目前电子邮件已成为网络用户之间快速、简便、可靠且成本低廉的现代通信手段，也是 Internet 上使用最广泛、最受欢迎的服务之一。

电子邮件使网络用户能够发送或接收文字、图像和语音等多种形式的信息。目前 Internet 网有 60% 以上的活动都与电子邮件有关。使用 Internet 提供的电子邮件服务，只要与提供 Internet 邮件服务的机构联网即可。

使用电子邮件服务的前提是用户拥有自己的电子信箱，一般又称为电子邮件地址。电子信箱是提供电子邮件服务的机构为用户建立的账号，实际上是该机构在与 Internet 联网的计算机为用户分配的一个专门用于存放往来邮件的磁盘存储区域，这个区域是由电子邮件系统管理的。

电子邮件的最大特点是快捷、经济。无论用户身在何处，只要连接到 Internet，就可以进行邮件的发送与接收服务。通过 Internet 发送一封电子邮件到国外，速度比国际快件快得多，而基本不需要花什么费用。

（1）电子信箱简介

电子信箱也称 EMAIL 地址，简称邮箱。我们用它来写信、发信、收信、看信，一封信称为一个邮件。按电子信箱的费用来划分，电子信箱可分为免费邮箱和收费邮箱两大类，分别适用于不同的人群和工作需要。通常免费邮箱就能满足我们的需要，常见的免费信箱包括新浪（mail.sina.com.cn）、网易（mail.163.com.cn）、搜狐（mail.sohu.com）等。

电子信箱地址格式：用户名 @ 邮件服务器主机域名。例如：wang-wu@163.com、zhangsan@sohu.com 等。其中，@ 是一个分隔符，表示“在”的意思。把一个地址分成两部分，前一部分是用户名，也叫帐号。后一部分是服务器的主机域名，它表示邮箱是在哪个服务器上建立的。一个完整的 Email 地址，两部分必须写全。

（2）邮件服务器

邮件服务器是用来负责电子邮件收发管理的设备，它是提供电子邮件服务的基础。邮件服务器管理和存储各用户的电子信箱的帐号、密码，通过分配电子信箱为用户开辟一个存储邮件的空间，类似于人工邮递系统中的邮局，为每一个用户在邮局中分一小块空间，归这个用户使用，同时负责接收其他用户发来的各种邮件。

（3）邮箱申请和使用方法

下面以新浪邮箱为例，说明免费邮箱的申请过程。

登陆新浪首页，点击邮箱按钮，进入新浪邮箱页面，如下图所示。

点击注册免费邮箱，进入邮箱注册页面，如下图所示。

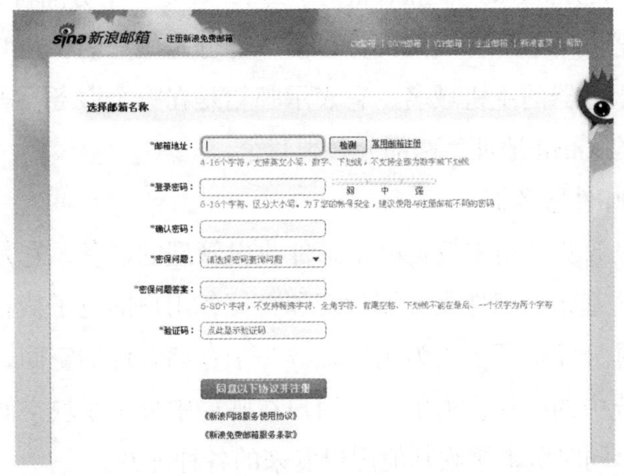

按提示填写信息。当所有信息填写正确后，按“同意以下协议并注册”按钮，即显示“恭喜您，新浪会员注册成功”，表示邮箱注册成功，您已经拥有一个新浪网的免费邮箱。然后凭注册好的用户名、密码登陆邮箱进行使用，如下图所示。

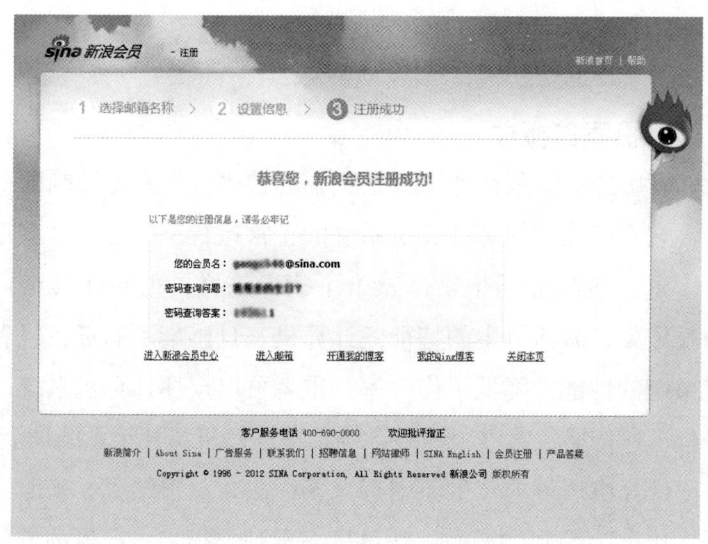

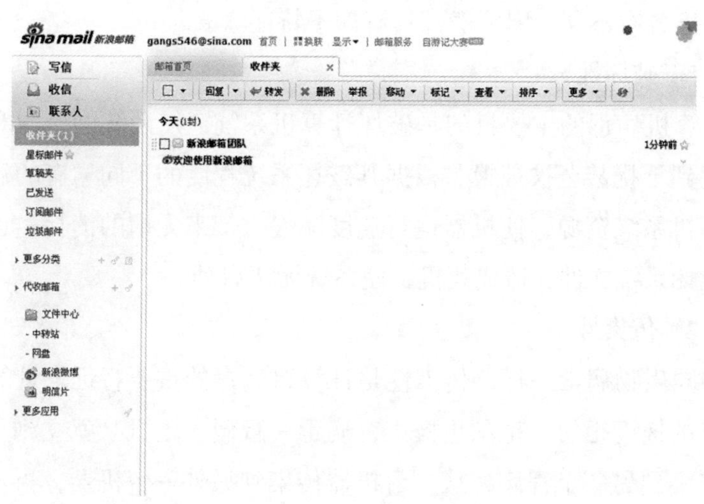

第二节 计算机安全

一、计算机病毒

1. 计算机病毒概述

计算机病毒是隐藏在计算机系统中的程序，是人为编制的一组可执行码。它不仅能够损坏计算机系统的正常运行，而且还具有很强的传染性。这种现象如同生物体感染了病毒一样，也同样具有自我繁殖，相互传染，激活再生的特征。计算机一旦感染了病毒，轻者影响计算机系统的性能，降低工作效率，重者可以损坏计算机系统内部信息，并且迅速传播危害整个网络系统，造成停机，甚至系统崩溃。

关于计算机病毒的产生原因有众多说法，归根结底，来源于计算机编程人员人为编制出来的。计算机病毒种类很多，产生的方式和破坏的程度各有不同，但一般都具有如下特征。

（1）破坏性

计算机病毒的主要目的是破坏计算机系统，使系统的资源和数据文件遭到干扰甚至被摧毁。根据其破坏系统程度的不同，有的病毒侵占计算机系统资源，使机器运行速度减慢，带来无谓的消耗；也有的直接毁坏系统文件，造成死机，使系统无法启动。

（2）传染性

如同生物病毒一样，传染性是计算机病毒的重要特征。计算机病毒传播的速度很快，范围也极广，病毒一旦侵入主机，就立刻从一个程序传染到另一个程序，从一台机器传染到另外一台机器，再从一个网络传染到另外一个网络，可见，其分布是以几何级数增长的。

（3）隐藏性

计算机病毒虽然是一个程序，但它并不是一个独立存在的文件，病毒程序总是隐藏在其他合法文件或程序之中，不容易被发现，使用户察觉不到，难以预料，这样才能达到非法进入系统，进行破坏的目的。用户一旦发现病毒，系统实际上已经被感染，资源及数据可能已经损坏。

（4）潜伏性

计算机病毒的发作要有一定的条件，例如，特定的日期，特定的标识符，使用特殊的文件等，只要满足了这些特定的条件，病毒就会立即被激活，开始破坏性的活动。

（5）针对性

病毒的编制者往往有特殊的破坏目的，因此，不同的病毒，攻击的对象也不同。例如，有针对 APPLE 公司的 Macintosh 机器的，有针对 IBM 公司 PC 系列机及其兼容机的，有传染系统内核和驱动文件的，也有传染扩展名为 .com 或 .exe 可执行文件的。

2. 计算机病毒的预防

计算机病毒发作会使电脑中的数据丢失，甚至系统崩溃，造成严重损失。对付计算机病毒，最有效的对策是采取积极主动的预防措施，这样才能有效地发挥计算机的功能，最大限度地减小计算机病毒带来的损失。

（1）计算机病毒常见的传染途径

通过可移动 U 盘和存储介质：系统软件和应用软件携带和交换大多是通过 U 盘、存储卡、移动硬盘、光盘等磁盘介质进行的。最普遍的传染途径是使用了被外界感染了病毒的磁盘。如合法或非法复制软件，不经检查随便在机器上使用各种软件，会为病毒传播提供条件。

通过硬盘：将带有病毒的计算机移动到他处使用或维修等，会传染干净的磁盘，并使盘中的病毒扩散。

通过网络：网络的途径传染扩散速度最快，病毒会在短时间内传遍网上的所有计算机，严重时会造成整个网络不能工作。目前，许多机构和企业都建有自己的局域网，并与 Internet 连接，更应采取措施杜绝病毒入侵。

（2）计算机病毒的预防

因为计算机病毒的传染是通过一定的途径来实现的，所以，采取一定方法，堵塞这些传染途径是阻止病毒入侵的最好办法。杜绝计算机病毒的传染途径，常见预防措施包括：

•不要随便使用外来软件，对外来磁盘一定要先检查和杀毒后再使用。

•把不需要再写入数据的磁盘、给别人复制软件和文件的磁盘进行写保护。

•对系统和文件进行写保护，用光盘或 U 盘启动时必须保证启动盘无病毒。

•分开存放系统文件与应用软件和用户程序，一旦遭到病毒袭击，容易恢复。

•在计算机上安装防火墙或使用防病毒软件。

•定期制作系统备份。

•制定相应的计算机使用管理和防病毒规章制度，并严格执行。

3. 计算机病毒的检测与清除

一旦发现系统感染了病毒，就应及时清除，清除计算机病毒一般有如下方法。

（1）软件检测和杀毒

软件检测和杀毒是使用一些专用病毒检测和杀毒软件，这种方法适用病毒传播范围较大的情况。推广使用的有金山毒霸、江民、瑞星、PC-Cillin、NORTON 和卡巴斯基、360 杀毒等。它们可以对软、硬盘上的计算机病毒进行诊断和消除。软件检测和消毒的方法操作简单，使用方便，适合于普通计算机用户。我们可以先使用杀毒软件对电脑执行全盘扫描，常用杀毒软件及官方网站：

- 卡巴斯基：http://www.kaspersky.com.cn/
- 江民杀毒软件：http://www.jiangmin.com/
- 瑞星杀毒软件：http://www.rising.com.cn/
- 金山毒霸：http://www.ijinshan.com/
- 诺顿杀毒软件：http://www.symantec.com/zh/cn/
- 木马克星：http://www.luosoft.com/
- 木马清道夫：http://www.mmsk.cn/

还可以去一些知名软件下载网站下载其他防木马及查杀木马工具，切勿进入一些不可信的小站点下载任何软件。杀毒前请确保计算机上的杀毒软件已经更新至最新，更新后能够更容易查杀一些新型病毒和木马。

另外，部分顽固的木马在正常状况下是无法被清除的，这样就需要您进入系统“安全模式”进行查杀。Windows 2003/XP/Vista/7 进入“安全模式”的方法为，启动电脑后一直按“F8”键，直至出现“高级启动菜单”，这时就可以选择进入“安全模式”。

（2）若使用杀毒软件清除木马不成功，建议重新安装操作系统

操作系统通常会安装在 C 盘，建议不要将任何重要资料存放在 C 盘，因为系统安装盘损坏的几率比其他盘更大，也更容易潜伏病毒或木马。

为了彻底清除病毒或木马，推荐将系统盘格式化，让病毒和木马无处藏身，当然也不排除病毒或木马潜伏在其他非系统盘的可能，不

要以为重新安装操作系统就可以做到万无一失。

如果不知道怎样重新安装操作系统，请委托其他熟悉计算机的用户帮忙修复，不要贸然动手。

4. 常见的反病毒软件

（1）金山毒霸

金山毒霸（Kingsoft Antivirus）是金山软件股份有限公司研制开发的高智能反病毒软件。融合了启发式搜索、代码分析、虚拟机查毒等反病毒技术，在查杀病毒种类、查杀病毒速度、未知病毒防治等多方面较为突出，同时金山毒霸具有病毒防火墙实时监控、压缩文件查毒、查杀电子邮件病毒等多项先进的功能，为个人用户和企业单位提供完善的反病毒解决方案。软件界面如下图所示。

（2）瑞星杀毒

瑞星杀毒软件（Rising Antivirus）瑞星软件公司生产的计算机杀毒

软件。采用获得欧盟及中国专利的六项核心技术，形成全新软件内核代码；具有八大绝技和多种应用特性；获得欧盟和中国专利的“病毒行为分析判断技术”。依靠这项专利技术，瑞星杀毒软件可以从未知程序的行为方式判断其是否有害并予以相应的防范。软件界面如下图所示。

（3）卡巴斯基反病毒软件

卡巴斯基是一款由来自于俄罗斯的卡巴斯基实验室研发的杀毒软件品牌，是国际著名的信息安全领导厂商。公司为个人用户、企业网络提供反病毒、防黑客和反垃圾邮件产品。卡巴斯基反病毒软件于1997年正式推出，该公司的旗舰产品－著名的卡巴斯基反病毒软件（Kaspersky Anti-Virus, 原名 AVP）被众多计算机专业媒体及反病毒专业评测机构誉为病毒防护的最佳产品。软件界面如下图所示。

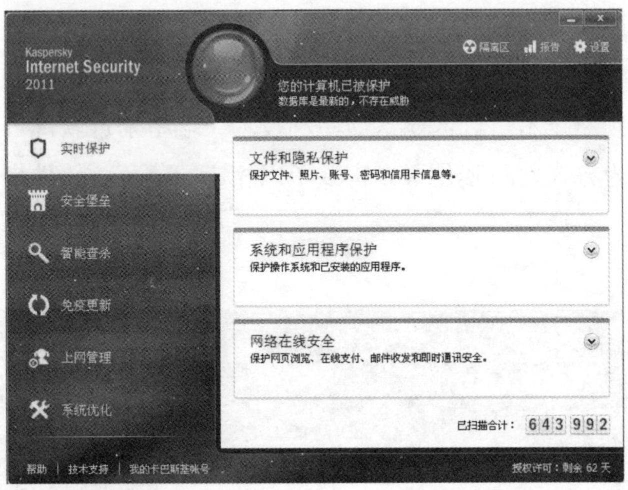

（4）江民杀毒软件

江民杀毒软件是北京江民新科技术有限公司开发的杀毒软件，是全功能专业安全软件，全面融合杀毒软件、防火墙、安全检测、漏洞修复等核心安全功能，能为个人电脑用户提供较全面的安全防护。 软件界面如下图所示。

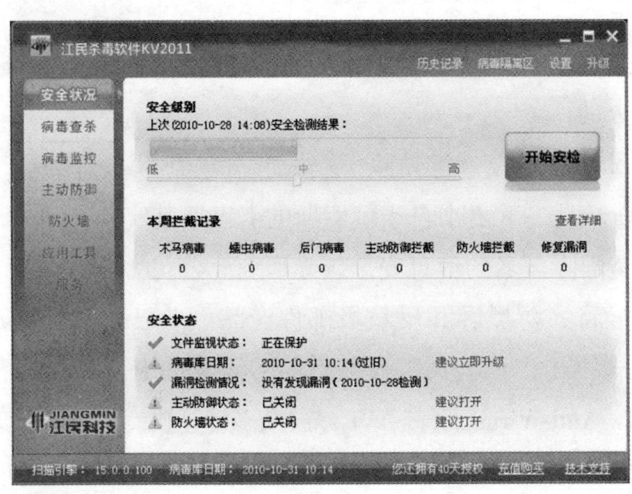

（5）360 杀毒

360 杀毒是 360 安全中心出品的一款免费的云安全杀毒软件，整合了来自国际知名杀毒软件 BitDefender(比特梵德)病毒查杀引擎、国际权威杀毒引擎小红伞引擎、360 人工智能引擎、360 系统修复引擎、云查杀引擎，具有较完善的病毒防护体系。360 杀毒完全免费，资源占用少，适合中低端机器。软件界面如下图所示。

二、计算机网络安全

计算机网络安全是指网络系统的硬件、软件及其系统中的数据受到保护，不因偶然的或者恶意的原因而遭受到破坏、更改、泄露，系统连续可靠正常地运行，网络服务不中断。网络安全从其本质上来讲就是网络上的信息安全。

1. 网络面临的威胁

由于网络的复杂性，网络黑客（Hacker）往往通过基于网络的入侵来达到窃取敏感信息的目的，也有人通过网络攻击来展现技术，或被人收买通过网络来攻击商业竞争对手，造成网络系统无法正常运行，一般来说，网络面临的威胁包括如下几个方面。

①非授权访问。指对网络设备及信息资源进行非正常使用或越权使用等。

②冒充合法用户。主要指利用各种假冒或欺骗的手段非法获得合法用户的使用权限，以达到占用合法用户资源的目的。

③破坏数据的完整性。指使用非法手段，删除、修改、重发某些重要信息，以干扰用户的正常使用。

④干扰系统正常运行。指改变系统的正常运行方式，减慢系统的响应时间等。

⑤病毒与恶意攻击。指通过网络传播病毒或恶意Java、ActiveX等。

⑥线路窃听。利用通信介质的电磁泄露或搭线窃听等手段获取非法信息。

2. 网络防火墙

防火墙是一种访问控制产品。防火墙依照特定的规则，允许或是限制传输的数据通过，能够较为有效地防止黑客利用不安全的服务对内部网络的攻击，并且能够实现数据流的监控、过滤、记录和报告功能，较好地隔断内部网络与外部网络的连接。防火墙可以是一台专属的硬件也可以是架设在一般硬件上的一套软件。防火墙结构如下图所示。

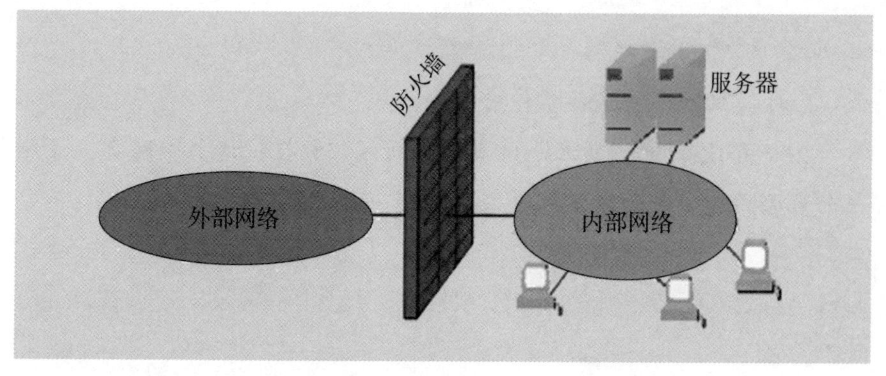

3. 网络安全防范方法

①选用安全的口令。关于网站安全调查的结果表明：超过 80%的网络入侵都是由于口令过于简单而导致的。因此，应当尽量避免使用简单的生日数字、常见中英文词汇等作为口令，尽量选用 8 位以上，字母与数字的组合。

②设定兼职或专职网络管理员，建立网络安全管理制度，对工作调动和离职人员要及时调整相应的授权。

③制订严格的操作规程。操作规程要根据职责分离和多人负责的原则，各负其责，不超越自己的管辖范围。

④配备网络管理软件加强对内部网的管理。通过分配 IP 地址、定制授权来限制用户的访问权限，保证适当的人访问适当的信息。

本章学习重点：

1. 了解计算机网络基本结构和应用。
2. 了解上网需要注意的安全事项。
3. 了解计算机网络病毒传播的途径和预防措施。

思考题：

1. 计算机网络的必备条件是什么？

2. 使用 IE 浏览“新浪”网页中的新闻、科技、读书等网页，注册一个自己的电子邮箱地址，并成功发送一封电子邮件。

第七章
农业信息工具

第一节 常用的农业类网站导航

一、综合信息类网站

中国农业信息网 http://www.agri.gov.cn/

农业经济信息网 http://www.cnagrinet.com.cn/

中农网 http://www.ap88.com/

中国农业图书网 http://book.ag365.com/

神农网 http://www.sn110.com/

178 农业信息网 http://www.178nw.com/

中国农业快讯网 http://www.kxchina.org/

食品产业网 http://www.foodqs.cn/

中国村镇网 http://www.zgczn.cn/

农博网 http://www.aweb.com.cn/

中国兴农网 http://www.cnan.gov.cn/

农村信息网 http://12582.10086.cn/

中国农业网 http://www.zgny.com.cn/

中国农业新闻网 http://www.farmer.com.cn/

中国农业全搜索 http://www.zgnyqss.com/

二、农业政策类网站

农业部 http://www.moa.gov.cn/

中国农产品质量安全网 http://www.aqsc.gov.cn/

中国国家农产品加工信息网 http://www.app.gov.cn/

三、农产品交易类网站

农牧在线 http://www.nongmu.com/

农资交易网 http://www.c-nz.com/

农博商务通 http://trade.aweb.com.cn/

中国农副产品交易市场 http://www.caspm.com/

新发地农产品交易网 http://www.xinfadi.com.cn/

恒丰农产品交易 http://www.china-pe.cc/

四、农资类网站

农机 360 网 http://www.nongji360.com/

中国农机网 http://www.caamm.org.cn/

中国农业机械化信息网 http://www.amic.agri.gov.cn/

中国农业机械网 http://www.nyjx.cn/

中国饲料添加剂信息网 http://www.chinafeedadditive.com/

中国饲料原料信息网 http://www.feedonline.cn/

中国种子网 http://www.chineseseeds.com/

种子网 http://www.seed-china.com/

中国种子信息网 http://www.chinaseed.net/

中国农药信息网 http://www.chinapesticide.gov.cn/

中国农药咨询网 http://www.ny114.cn/

中国农药第一网 http://www.cnny001.com/

中国化肥网 http://www.fert.cn/

中国化肥信息网 http://www.china-fertinfo.com.cn/

中国化肥网 http://www.huafei888.com

五、畜牧养殖类网站

中国牧业网 http://www.china-ah.com/

中原畜牧网 http://www.hnfeed.com/

中国养殖商务网 http://www.yangzhi.com/

中国畜牧兽医信息网 http://www.cav.net.cn/

养殖无忧网 http://www.yangzhiwy.com

中国牛羊养殖网 http://www.niuyang.cc/

中国水产养殖网 http://www.shuichan.cc/

中国渔业网 http://www.yyew.com/

中国水产门户网 http://www.bbwfish.com/

搜鱼网 http://www.souyu.net/

六、作物种植类网站

中国蔬菜网 http://www.vegnet.com.cn/

中国水果网 http://www.cnfruit.com/

中国果品网 http://www.china-fruit.com.cn

水果邦 http://www.shuiguobang.com/

新农村水果网 http://www.91fruit.com/

中国园林网 http://www.yuanlin.com/

天天苗木网 http://www.hm160.cn/

西北苗木网 http://www.xbmiaomu.com/

中国梨网 http://www.chinapear.cn/

七、农副产品加工类网站

中国国家农产品加工信息网 http://www.app.gov.cn/

中华粮网 http://www.cngrain.com/

天下粮仓 http://www.cofeed.com/

大米网 http://www.dami.cn/

中国大米网 http://www.chinadami.com/

中国芝麻网 http://www.zm6666.cn/

中国菜籽信息网 http://www.62499.cn/

中国瓜子网 http://keguazi.com/

中华食品商务网 http://www.31food.com/

有机食品消费网 http://www.of315.com/

糖酒快讯网 http://www.tjkx.com/

中国茶叶知识网 http://168tea.com/

第二节 农业信息检索工具

一、农业智能搜索 AgSoSo 软件

农业智能搜索 AgSoSo 软件（http://www.agsoso.com/）是国家农业信息化工程技术研究中心研制的智能化农业搜索引擎，突破了农业知识发现、语义检索、信息结构化、智能过滤等一系列关键技术，与传统的搜索引擎相比，能更加贴近农业领域的需求。针对农业企业、农民协会、农民专业合作社等不同需求，实现了信息服务的智能化与傻瓜化，提供精准式的信息推送和空间化的数据分析服务，有助于农业信息的精确搜索和高效利用。目前，提供农业资讯、供求信息、市场价格、农业科技、生活百科、视频六大频道的信息集成化服务。网页界面如下图所示。

二、365 农业网

365 农业网（http://www.ag365.com/）由北京和图时代网络技术有限公司创办，以商务应用为主，通过搜索技术对农业信息进行整合，创建内容全面、操作简单、功能实用的搜索 + 商务应用。365 农业网对农业信息进行检索、分类、细化，然后放大给用户，让农业用户更容易找到所需的信息，主要包括：农业网站、商务供求、企业库、农业资讯、养殖技术、特种养殖、种植技术等栏目。网页界面如下图所示。

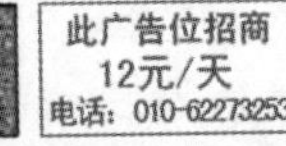

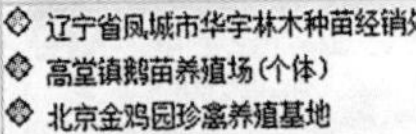

三、农搜网与搜农网

农搜网（http://www.sdd.net.cn/）是由中国农业科学院农业信息研究所开发的农业专业搜索引擎，目前，提供10项搜索服务：农业网页、科研单位、专家人才、致富经验、供求信息、农业新闻、医疗百科、实用技术、病虫防治、价格日报。需要农业科技信息和市场信息的企业、部门、农户可以通过农搜网搜索引擎，可以通过农搜网迅速找到自己想要的信息。网页界面如下图所示。

搜农网（http://www.sounong.net/）是中国科学院合肥物质科学研究院智能所开发的搜索引擎，是面向我国农业企业、农民大户、农业专业技术协会以及广大农业科技人员提供专题搜索服务的垂直搜索引擎。目前提供供求搜索、价格搜索、价格分析、市场动态、农业技术、农业视频、农业新闻等服务。网页界面如下图所示。

供求趋势 | 供应可视化 | 需求可视化 | 价格可视化 | 农企可视化 | 新闻可视化 | 买卖滩监测　　把搜农设为首页

供求搜索 价格搜索 价格分析 市场动态 农业技术 农业视频 农业新闻 通用搜索

农产品名称: 请输入关键字　产品交易地:　供求搜索

关于搜农 | 目录搜索 | 涉农网站 | 农情监测 | 友情链接

网站备案编号: 皖ICP备07007648号 免责声明
技术支持: 中国科学院中国新农村信息化研究中心
联系方式: (0551)5591467 邮 件: chinannn180@163.com 传 真: (0551)5592420

第三节 农资配送服务系统

一、概述

为进一步规范和理顺农资市场秩序，防止假冒、伪劣农资侵害农民利益，推进质优价廉的农资产品进村入户，将先进的农业科技成果尽快转化为农民增收的新途径，开发农资配送服务系统，建立“生产厂家产品筛选 + 县级配送中心 + 村级农资经销店”的县（乡）、村级农技服务及农资配送体系，对于改变农资商品的形式单一、烦琐、农资商品信息、技术指导等相关信息匮乏等问题具有积极的意义。

整个系统主要由农资信息、农资代售点、农资市场、技术指导服务和后台管理系统组成。

农资信息模块主要是展示种子、肥料、农膜、农药及其他农资产品的详细信息，能够让用户准确了解农资产品信息，以便订购自己需要的产品。

农资代售点模块通过 GIS 地理区域分布图，把本区域内农资代售点的地理位置都展示出来，并且每一个农资代售点都有详细的资料，包括联系人、联系地址、联系电话等内容，提供了农资代售点查询服务。

农资市场模块把本区域内的所有农资（种子、肥料、农膜、农药）企业，按照经营产品的不同分别展示出来，并能够查询到各个农资企业的详细信息。

技术指导模块主要分为实用技术和测土配方指导服务，实用技术主要有农资真伪鉴别、生产指导和其他实用技术，对用户的生产指导有着很重要的实际意义。

二、系统功能

1. 农资商品订购管理

针对种子、肥料、农膜、农药等相关农资商品信息进行展示，每一种商品都附有图片及简要介绍，用户若有需要，可直接在线订购，也可到就近的代售点对所需商品进行直接订购；代售点管理员可对商品进行添加、删除、入库、上架、出货等管理。对在线支付的用户，平台提供货到付款和支付宝支付的方式，从而实现安全、便捷的农资商品网络订购的新方式。软件界面如下图所示。

2. 测土配方知识信息管理

以河北省晋州市为例，该市每年对下辖各村的地块土壤进行化验并对农户的信息进行统计，将统计的数据表导入到系统中，最后生成一条包含地块土壤结构、经度维度、种植作物、化学元素含量等共计37个属性的信息，由15位的统一编号唯一标识。用户只要根据分配给自己的15位标识号在系统上查询，即可得到关于自己地块的数据信息。另外，系统还导入了小麦玉米等作物的施肥指标，用户可以在地块信息的基础上通过指定某种作物的目标产量、种植品种等信息，即可得到该作物的施肥建议。软件界面如下图所示。

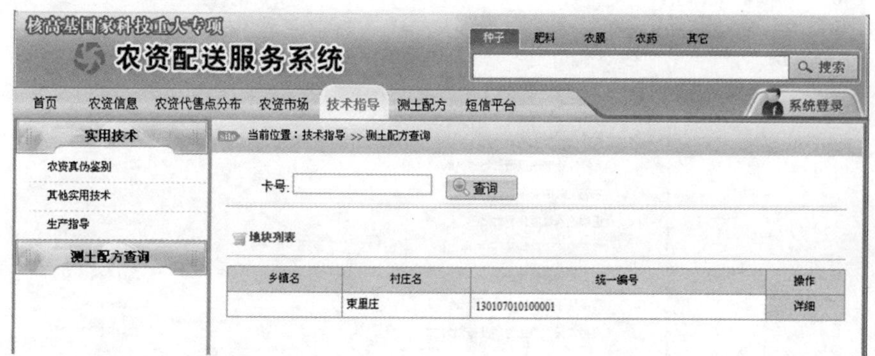

3. 短信服务平台

通过用户名、密码登录进入到短信平台，可及时以订单短信通知的方式通知给用户，使用户准确及时的了解到订单及订购商品出货的情况。软件界面如下图所示。

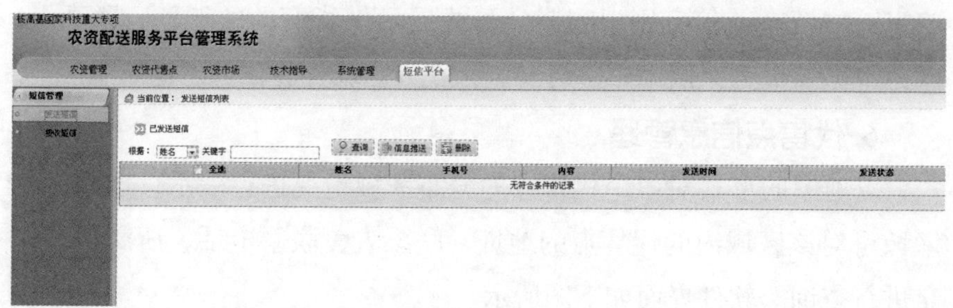

4. 农资技术指导管理

通过 AgSoso 农业搜索工具实时抓取最新的农资真伪鉴别、其他实用技术和生产指导等方面的相关信息，供用户进行浏览，查询。软件界面如下图所示。

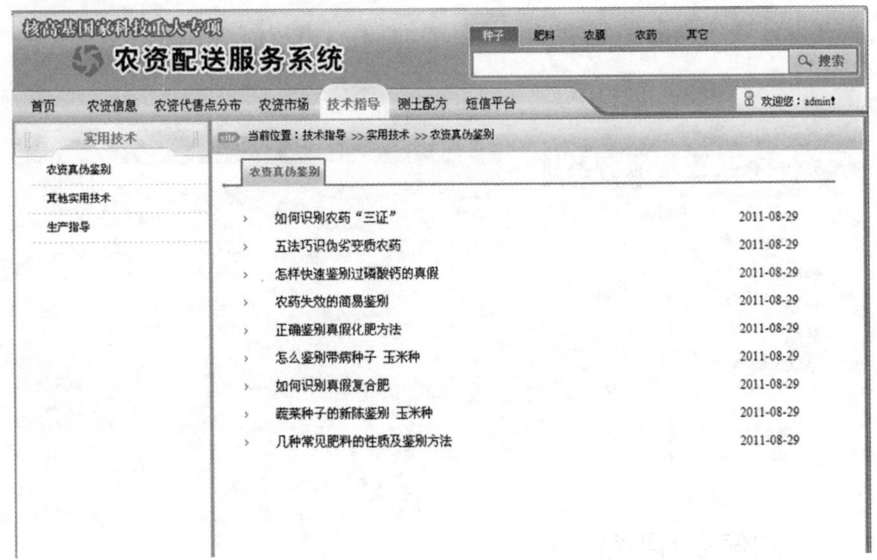

5. 农资市场信息管理

通过 AgSoso 农业搜索工具实时抓取最新的农资市场的相关信息，具体包括实用技术、分析预测、市场价格、供求信息 4 个方面的知识信息；农资企业信息则以列表的形式展示供货商的的地址、联系人、联系电话等信息，供用户进行浏览，查询。软件界面如下图所示。

6. 代售点信息管理

以地图的形式对各个代售点的分布区域情况进行展示，选中各个区域可对该区域内的代售点的地址、联系人、联系电话、所属地等信息进行查询。软件界面如下图所示。

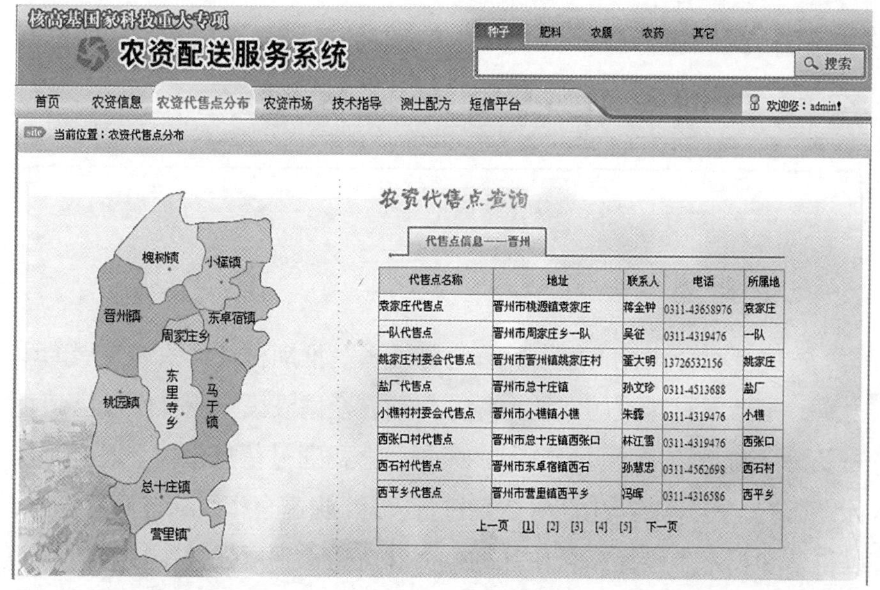

代售点名称	地址	联系人	电话	所属地
袁家庄代售点	晋州市桃源镇袁家庄	蒋金钟	0311-43658976	袁家庄
一队代售点	晋州市周家庄乡一队	吴征	0311-4319476	一队
姚家庄村委会代售点	晋州市晋州镇姚家庄村	董大明	13726532156	姚家庄
盐厂代售点	晋州市总十庄镇	孙文珍	0311-4513688	盐厂
小樵村村委会代售点	晋州市小樵镇小樵	朱露	0311-4319476	小樵
西张口村代售点	晋州市总十庄镇西张口	林江雪	0311-4319476	西张口
西石村代售点	晋州市东卓宿镇西石	孙慧忠	0311-4562698	西石村
西平乡代售点	晋州市营里镇西平乡	冯晖	0311-4316586	西平乡

三、系统特点

•系统采用混合式信息交互架构，将 C/S 模式的功能和灵活性与基于浏览器的 B/S 模式的易部署性和稳定性结合了起来，界面友好、视觉可视化程度高，操作方式简单直观。

•系统整合农业搜索引擎实时数据获取等构件，能够实时更新农资相关各类信息。

•系统支持国产基础软件，包括红旗操作系统（Red flag Linux）、金仓数据库（KingbaseES）、中创（InforWeb）应用服务器。

•系统集农资商品订购，农业技术指导为一体，面向农资经营的科技服务部门提供管理与服务的信息技术工具。

•应用对象：农业科研院所，政府农业管理、技术推广、信息服务部门，农资商品代售点，农资企业（农资商品供货商），生产经营农户。

第四节 农民专业合作社信息服务系统

一、概述

农民专业合作社（以下简称合作社）是推动村经济快速发展的生力军，是新农村建设的武装力量。目前，全国农民专业合作社已超过35万家，随着农业专业合作社的发展，急需通过信息化的手段对合作社人员、物资、购销、生产等信息进行管理，提高合作社综合经营能力，以科学和技术手段提高合作社的生产和流通水平增强合作社的核心竞争力，增加农民收入。

二、系统功能

1. 社务管理

以日历形式显示当天的待办事务，并提供根据日期查询待办事务情况，系统用户可对待办事务进行管理。软件界面如下图所示。

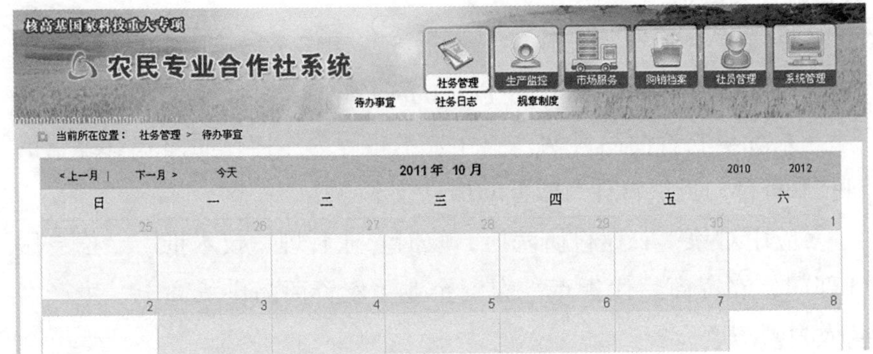

2. 生产监控

通过在温室中部署的传感器设备，实时将温室大棚内的空气温度、湿度、土壤温度、光照等生长环境数据上传到系统中，系统可对采集到的数据进行数据分析，生成统计分析图，并且系统可根据用户需求建立自定义的环境模型，当监测到的数据超出环境模型值的范围时，将自动通过“在线提醒”和“短信发送”两种方式发送警告信息，实现对温室大棚环境的实时监控管理，从而辅助合作社的农业生产。软件界面如下图所示。

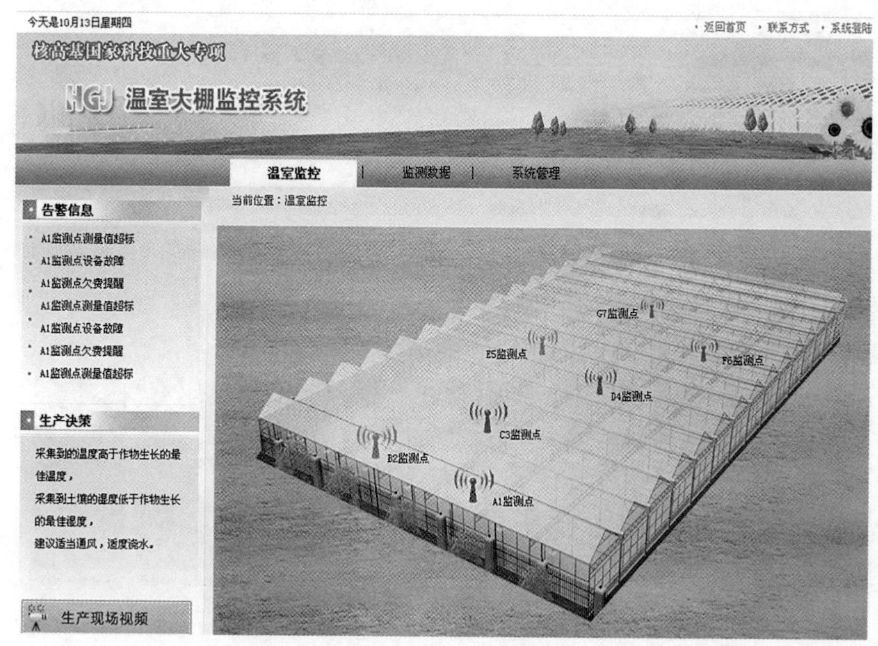

3. 市场分析

基于 AgSoso 农业搜索工具实时抓取的最新的市场信息、市场价格、科技服务、分析预测等信息，在页面中分类展示，供系统用户查询、浏览。

面向合作社管理人员提供市场、供应、求购 3 个方面的信息抓取、搜索、分析功能，同时提供农产品信息的在线发布、农超对接等，实现供求对接，为合作社产品市场销路提供信息化技术支撑。软件界面如下图所示。

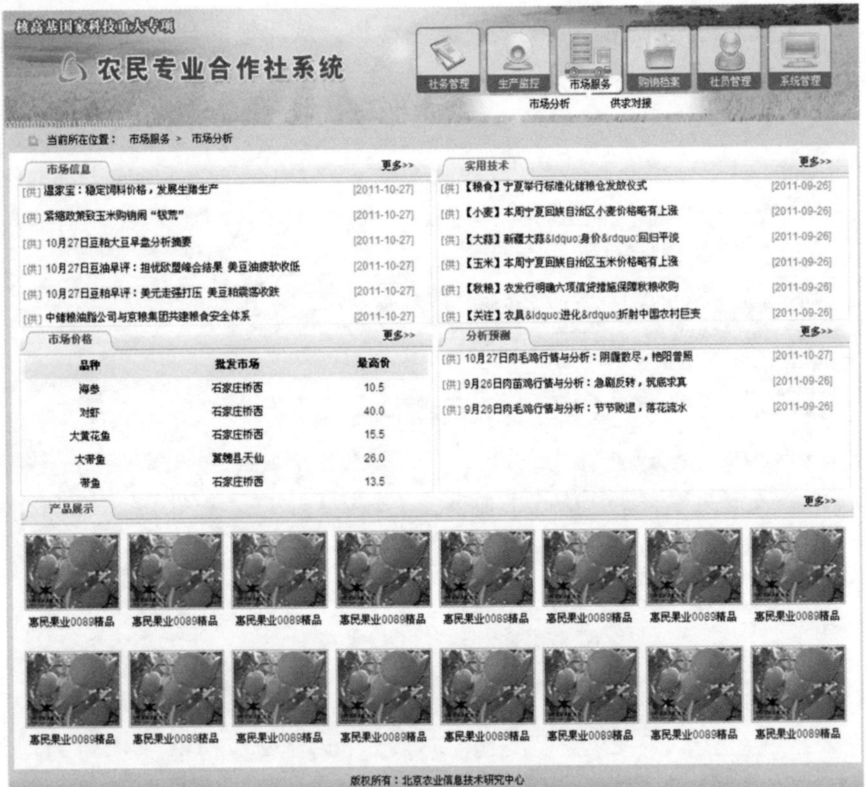

核高基国家科技重大专项

农民专业合作社系统

社务管理 生产监控 市场服务 购销档案 社员管理 系统管理

市场分析 供求对接

当前所在位置： 市场服务 > 市场分析

市场信息 更多>>

[供] 温家宝：稳定饲料价格，发展生猪生产 [2011-10-27]
[供] 紧缩政策致玉米购销闹“钱荒” [2011-10-27]
[供] 10月27日豆粕大豆早盘分析摘要 [2011-10-27]
[供] 10月27日豆油早评：担忧欧盟峰会结果 美豆油疲软收低 [2011-10-27]
[供] 10月27日豆粕早评：美元走强打压 美豆粕震荡收跌 [2011-10-27]
[供] 中储粮油脂公司与京粮集团共建粮食安全体系 [2011-10-27]

实用技术 更多>>

[供] 【粮食】宁夏举行标准化储粮仓发放仪式 [2011-09-26]
[供] 【小麦】本周宁夏回族自治区小麦价格略有上涨 [2011-09-26]
[供] 【大蒜】新疆大蒜“身价”回归平淡 [2011-09-26]
[供] 【玉米】本周宁夏回族自治区玉米价格略有上涨 [2011-09-26]
[供] 【秋粮】农发行明确六项信贷措施保障秋粮收购 [2011-09-26]
[供] 【关注】农具“进化”折射中国农村巨变 [2011-09-26]

市场价格 更多>>

品种	批发市场	最高价
海参	石家庄桥西	10.5
对虾	石家庄桥西	40.0
大黄花鱼	石家庄桥西	15.5
大带鱼	冀魏县天仙	26.0
带鱼	石家庄桥西	13.5

分析预测 更多>>

[供] 10月27日肉毛鸡行情与分析：阴霾散尽，艳阳普照 [2011-10-27]
[供] 9月26日肉苗鸡行情与分析：急剧反转，筑底求真 [2011-09-26]
[供] 9月26日肉毛鸡行情与分析：节节败退，落花流水 [2011-09-26]

产品展示 更多>>

惠民果业0089精品 惠民果业0089精品 惠民果业0089精品 惠民果业0089精品 惠民果业0089精品 惠民果业0089精品 惠民果业0089精品 惠民果业0089精品

惠民果业0089精品 惠民果业0089精品 惠民果业0089精品 惠民果业0089精品 惠民果业0089精品 惠民果业0089精品 惠民果业0089精品 惠民果业0089精品

版权所有：北京农业信息技术研究中心

4. 购销档案

包括对合作社内购、内销、外购、外销、库存、订单等信息的管理，记录合作社与会员、客户企业、农资供销商之间的业务往来情况；建立购销档案，方便系统用户对购销信息进行查询、统计、管理等。软件界面如下图所示。

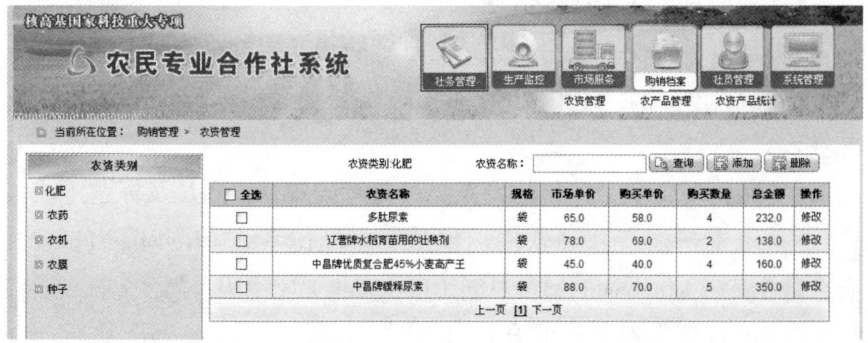

5. 社员管理

包括入社社员的基本档案管理，并对社员的入社、退社等情况进行统一管理。软件界面如下图所示。

三、系统特点

•系统实现了对社员信息、合作社章程、社情信息的台账管理。

•详细记录了购销业务信息。

•管理员可分权限对用户进行管理，防止非授权修改。

•系统数据安全可靠，方便备份，恢复、退出系统时可自动备份文件。

•界面美观，全个性化的设置，可自行设置背景图片及标题等。

•系统支持国产基础软件，包括红旗操作系统（Red flag Linux）、金仓数据库（KingbaseES）、中创（InforWeb）应用服务器。

•应用对象为农业专业合作社、农村经济人、农业生产基地、农业生产企业等。

第五节 新农村建设综合信息服务平台

一、概述

针对中国农村信息化基础设施薄弱、农民信息化意识和文化水平不高，造成农村“信息致贫”现象严重的情况，根据新农村建设对信息化的重大需求，以促进农村产业发展、提升基层政务管理效能、增强社会服务能力为目标，面向农村基层管理部门、企业和居民，基于地理空间信息、智能信息处理、多媒体和虚拟现实等技术集成，形成了一个新农村综合信息服务环境，包括生产发展、生活宽裕、乡风文明、村容整洁、管理民主5个子平台，实现农村各类基础信息资源的全面采集和管理，提高资源配置效能，统筹农村经济和区域规划。

二、系统功能

1. 生产发展子平台

通过地理信息系统对农村生产信息资源摸底调查，全面、及时、准确、动态地反映农村产业空间发展布局，提供农业生产咨询，搭建农村市场信息交流平台。包括主导产业状况、信息分类管理、农业生产咨询、专家辅助决策、专题统计分析、市场信息服务、网上虚拟展厅。软件界面如下图所示。

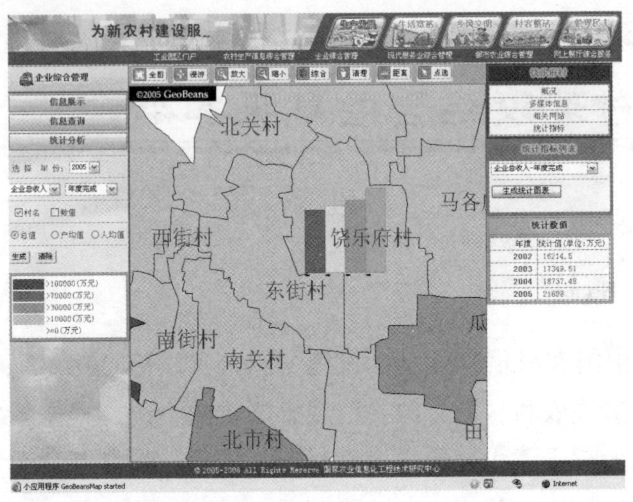

2. 生活宽裕子平台

利用时空网格技术，对农民生活直接相关的网络基础设施情况进行统计，并对分布在不同区域的农村劳动力进行管理，提供包括农民就业、社会保障和医疗卫生在内的农村社会保障信息服务体系。包括社会保障状况、劳动力就业服务、医疗卫生服务、三率统计（电话、有线电视、宽带网）等。软件界面如下图所示。

医疗机构　健康档案　基金管理　健康教育

全选□	医院名称	建院时间	类别
□	房山第一医院	1950	二级医院
□	房山中医院	1950	二级医院
□	动检站	1950	监督所检疫站
□	监督所	1950	监督所检疫站
□	陈文广诊所	1950	其他医疗机构
□	姜景芝诊所	1950	其他医疗机构
□	张广典诊所	1950	其他医疗机构
□	刘志国诊所	1950	其他医疗机构
□	丁宝强诊所	1950	其他医疗机构
□	孙淑英诊所	1950	其他医疗机构
□	张庆英诊所	1950	其他医疗机构
□	李子民诊所	1950	其他医疗机构

每页12条 共31条 第1页 共3页 首 页

房山第一医院

3. 乡风文明子平台

提供最新教育动态信息、中小学教育信息资源、素质技能培训多媒体资源，实现乡村区域学校、幼儿园、培训中心、文体广场的空间管理，搜集和共享农民群众喜闻乐见的数码文化娱乐资源。包括多媒体教育培训、学校分布、文体广场、网上娱乐等。软件界面如下图所示。

4. 村容整洁子平台

结合遥感影像、专题图片、三维视景等实现对资源的可视化应用，提供农村社会经济资源、村镇规划（道路交通、公共照明、给排水、绿地规划等的专项规划管理）、土地管理及村落虚拟漫游等数字化业务。包括农村社会经济资源、土地管理、村镇规划、虚拟漫游等。软件界面如下图所示。

5. 管理民主子平台

建设农村政务资源库，公开农村党务、政务、财务信息，并辅助管理部门实现土地承包经营、公共安全事务和计划生育等信息化业务。包括党务、政务、财务公开、农村政务建设、公共安全管理、村规民约、土地承包。软件界面如下图所示。

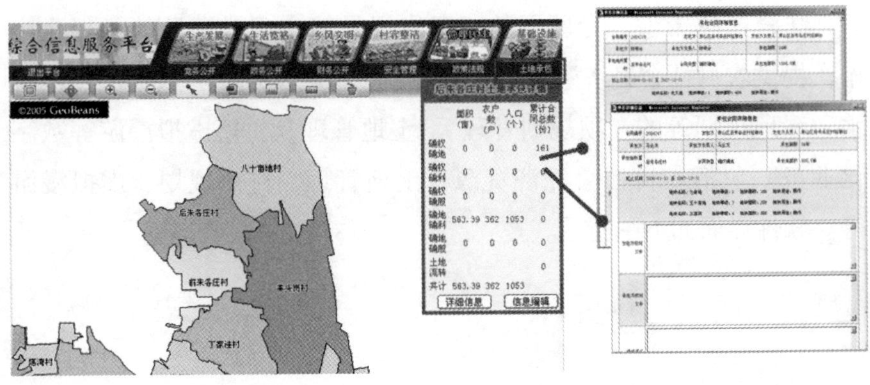

三、系统特点

•系统集成 GIS、多媒体、虚拟现实等技术，可提供村镇产业以及社会经济资源的信息采集、统计分析、可视化展示等功能，能准确、动态地反映农村产业空间发展布局，实现资源的摸底调查、农业生产咨询、农产品市场信息智能推荐服务。

•利用时空网格技术实现农村富余劳动力、社会保障资源、医疗卫生资源、多媒体课件教育资源的可视化管理和在线查询浏览。

•基于逼真的虚拟场景，实现道路交通、公共照明、改厕等新农村规划效果的可视化展示与宣传。

•通过电话、手机、电脑等多种终端提供面向党务、政务、财务、土地承包等信息的查询浏览、定制和推送服务。

•应用对象为村镇管理部门、企业、居民。

第六节 农业物联网监测系统

一、概述

农业生产向精准管理方向发展，为了帮助生产者科学的指导农业生产，需要及时的了解种植环境的气象和墒情信息，最关键的是对温度、湿度、二氧化碳含量、土壤温度、土壤含水率的信息实时采集，查清田块内部的土壤性状与生产力空间变异和一段时间内的温湿度和气象信息的历史变化趋势，从而调节对农作物投入，并利用短信息、WEB、WAP 等手段，让从事农业生产的种植户实时掌握这些信息。下面以葡萄酒酒庄为例介绍系统功能特点。

二、系统功能

1. 生产监测

以地图的形式展示给用户庄园内气象站的分布情况，同时提供给系统用户快速查询最新时间该地块气象站所采集的气象和墒情信息。软件界面如图所示。

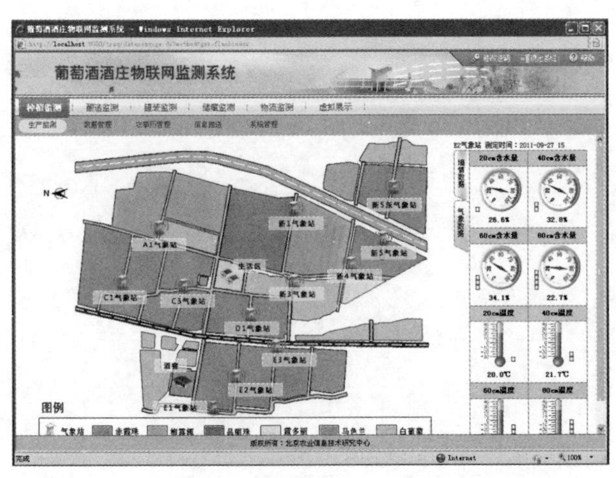

2. 数据管理

提供给用户在查询、浏览、对比和统计该种植庄园的气象和墒情信息。监测量浏览提供给用户以当天、当月、自定义方式进行查询该种植庄园的气象和墒情信息；监测量对比提供给用户对比同一个时间点，不同的站点之间监测量差值情况；监测曲线图提供给系统用户以统计图的形式查看庄园的气象和墒情的历史趋势；指标统计提供给用户降水、积温和光照的信息。软件界面如下图所示。

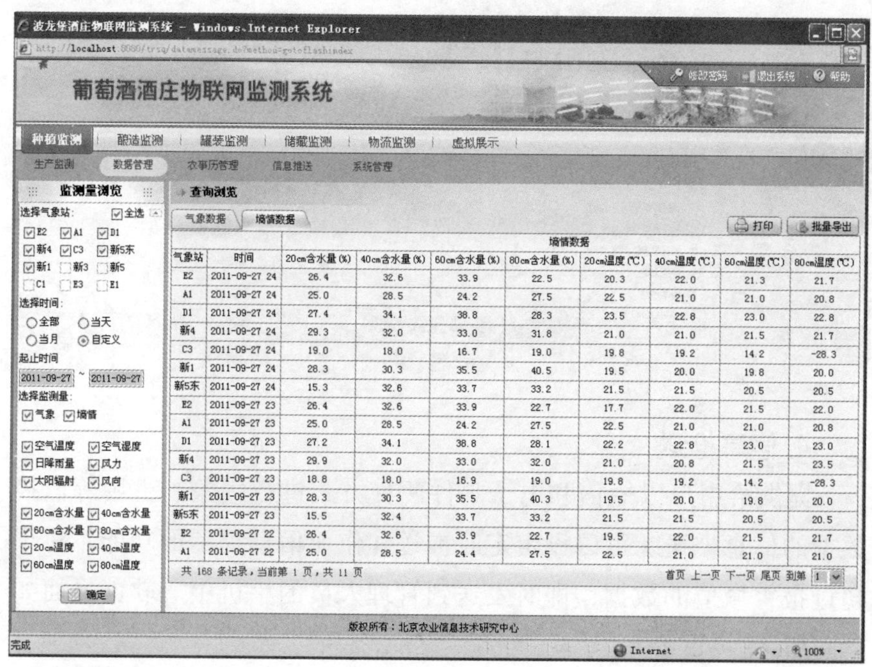

气象站	时间	20cm含水量(%)	40cm含水量(%)	60cm含水量(%)	80cm含水量(%)	20cm温度(℃)	40cm温度(℃)	60cm温度(℃)	80cm温度(℃)
E2	2011-09-27 24	26.4	32.6	33.9	22.5	20.3	22.0	21.3	21.7
A1	2011-09-27 24	25.0	28.5	24.2	27.5	22.5	21.0	21.0	20.8
D1	2011-09-27 24	27.4	34.1	38.8	28.3	23.5	22.8	23.0	22.8
新4	2011-09-27 24	29.3	32.0	33.0	31.8	21.0	21.0	21.5	21.7
C3	2011-09-27 24	19.0	18.0	16.7	19.0	19.8	19.2	14.2	-28.3
新1	2011-09-27 24	28.3	30.3	35.5	40.5	19.5	20.0	19.8	20.0
新5东	2011-09-27 24	15.3	32.6	33.7	33.2	21.5	21.5	20.5	20.5
E2	2011-09-27 23	26.4	32.6	33.9	22.7	17.7	22.0	21.5	22.0
A1	2011-09-27 23	25.0	28.5	24.2	27.5	22.5	21.0	21.0	20.8
D1	2011-09-27 23	27.2	34.1	38.8	28.1	22.2	22.8	23.0	23.0
新4	2011-09-27 23	29.9	32.0	33.0	32.0	21.0	20.8	21.5	23.5
C3	2011-09-27 23	18.8	18.0	16.9	19.0	19.8	19.2	14.2	-28.3
新1	2011-09-27 23	28.3	30.3	35.5	40.3	19.5	20.0	19.8	20.0
新5东	2011-09-27 23	15.5	32.4	33.7	33.2	21.5	21.5	20.5	20.5
E2	2011-09-27 22	26.4	32.6	33.9	22.7	19.5	22.0	21.5	21.7
A1	2011-09-27 22	25.0	28.5	24.4	27.5	22.5	21.0	21.0	21.0

3. 农事历管理

面向农业生产管理人员提供农事历管理与指导服务，按照不同种植的品种、关键生育阶段提供农事建议、注意的关键技术问题，安排农事活动。提供农事日志管理，记录农事作业中的工作内容。软件界面如下图所示。

4. 信息推送

提供给用户以短信和电子邮件两种方式进行气象、土壤等监控数据的信息推送。可以设定定时推送和作业信息提示的功能，对于超过报警域值的数据，即时发送到管理人员的手机中。软件界面如下图所示。

三、系统特点

•大棚环境全面监测，用户想要的任何环境参数都可以同过增加专业传感器来实现。

•应用性强，提供大棚管理的各种应用需求，并提供用户自定义模型的应用。

•多种提醒方式，系统提醒信息能以短信、现场 LED 屏、平台 PC 终端等方式显示，并且用户只要能上网，包括手机上网，就能随时随地了解大棚内的情况。

•系统的升级性和扩容性好，可随意增加温室，并可平滑的升级到设施农业智能控制系统，以及绿色履历服务系统。

•应用对象为农民合作社、温室种植农户等。

第七节 农业专家系统

一、概述

农业专家系统也称为农业智能系统，是把专家系统知识应用于农业领域的一项计算机技术，可应用于农业的各个领域，如作物栽培、植物保护、配方施肥、农业经济效益分析、市场销售管理等。例如，病虫草害防治专家系统是针对作物不同时期出现的各种症状和不同环境条件，诊断可能出现的病虫草灾害，提出有效的防治方法。栽培管理专家系统是在各个作物的不同生育期，根据不同的生态条件，进行科学的农事安排，其中包括：栽培、施肥、灌水、植物保护等。栽培部分包括品种选择、种子准备、整地、播种、田间管理与收获，优化它们之间及其与产量之间的关系；施肥部分主要是优化肥料与产量的关系，水分管理部分主要是合理灌排，优化水分与产量的关系；植保部分主要是病虫草害的预测和控制。

农业专家系统有 3 个特点，即：①启发性，能运用专家的知识和经验进行推理和判断，回答用户的问题；②灵活性，能不断增长知识，修改原有的知识；③综合性，能解答种子、土肥、植保等多专业问题；克服了单个农业专家的专业局限。

农业专家系统来自专家经验，它们代替为数不多的专家群体，走向地头，进入农家，在各地具体地指导农民科学种田，培训农业技术人员，把先进适用的农业技术直接交给广大农民。

二、系统功能

1. 专家系统定制

专家系统定制功能可以实现个性化专家系统的定制，通常包括：①决策模块管理：对特定领域的知识进行分类描述和说明；②用户生产数据表结构维护：对系统所有的数据表进行结构定义和维护；③个性化定制：包括账户管理、界面工具条颜色、背景颜色、字体大小、字体颜色管理、运行参数管理、编辑菜单等的管理和维护。

软件界面如下图所示。

2. 农业知识管理

农业知识管理功能是为农业专家提供决策知识管理维护的工具。

包括：①规则知识定义：通过可视化的输入界面定义各个决策模块下每一项目的知识和规则；②规则知识编辑：通过数据表格方式来对专家系统的知识规则进行维护；③知识库求精：针对知识库中经常出现的知识冗余、矛盾、从属、环路、不完整等问题，提供了相应知识检测与求精工具，以保证知识的完备性和一致性。

软件界面如下图所示。

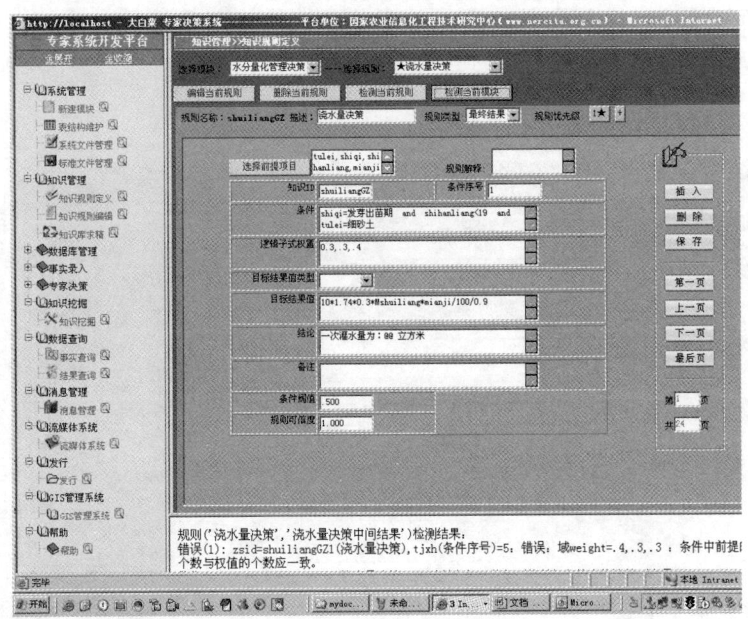

3. 农业生产数据管理

农业生产数据管理功能可以帮助用户实现数据的采集、集中管理、数据处理等工作。用户首先选择需要决策的类型（选择决策模块对应的数据表），输入实际的农业生产数据，进行原始数据编辑，所有决策数据项的属性均由系统管理员或知识工程师定义。

软件界面如下图所示。

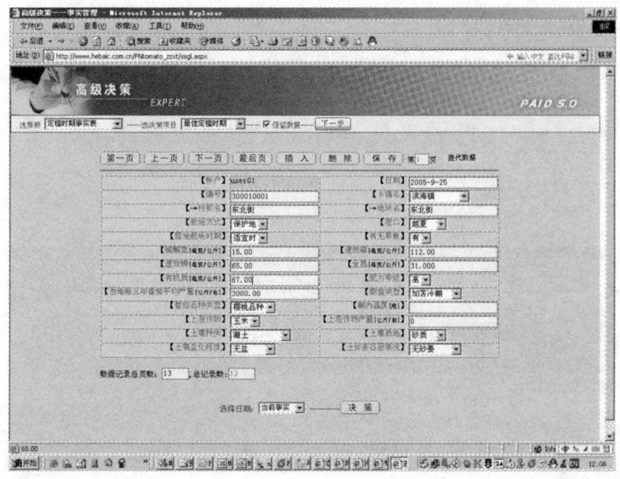

4. 专家决策

专家决策功能是根据知识规则结合农业生产数据进行推理计算，给出决策建议和相关建议的可信度，并对推理的结论进行解释，打印显示推理结果。

软件界面如下图所示。

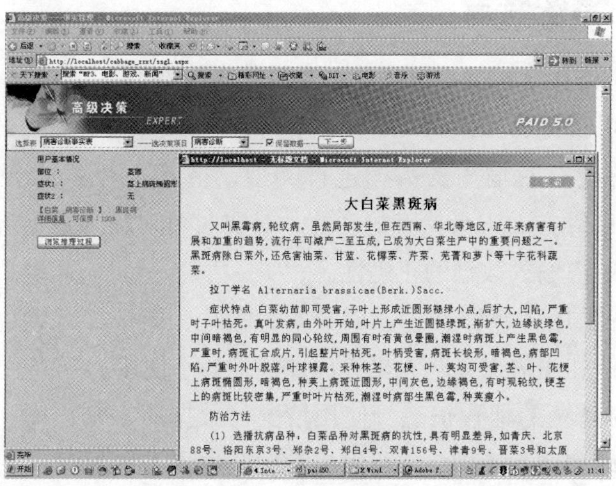

5. 决策数据查询

农业生产数据查询，根据组合条件动态对输入的原始数据进行查询；推理结果查询，根据组合条件动态对决策的结果进行查询。软件界面如下图所示。

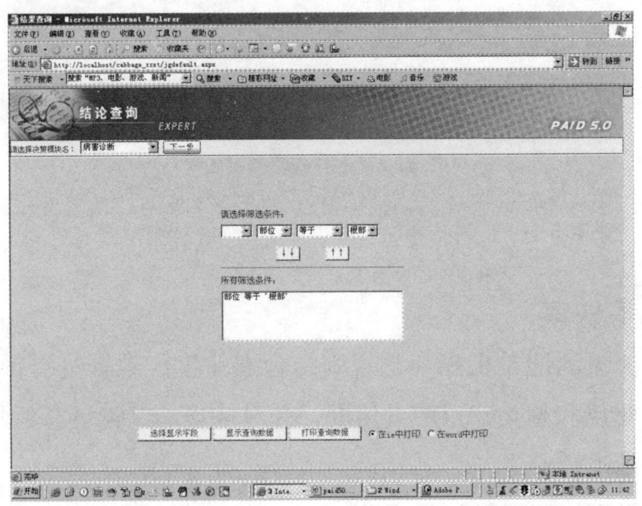

三、系统特点

•系统具有诊断过程可视化、系统管理可视化、推理过程可视化、数据编辑可视化、知识定义可视化等特点。

•系统具有对输入的数据进行类型、格式（语法）、范围、数据之间的约束等方面进行检查的功能，必要时可对输入数据进行形象解释，确保用户输入数据的正确性。

•系统采用多媒体技术，以文本、图片、图像、音频、视频图像等多种媒体和用户交互，人机界面友好，易于使用。

•可对系统的配置信息、使用情况、数据库、知识库、模型库进行动态查询和全程管理，并可对决策的全过程进行跟踪。

•系统能够方便的进行部署、打包、发布，具有丰富的应用程序接口，方便用户个性化处理。

•系统支持国产基础软件，包括红旗操作系统（Red flag Linux）、金仓数据库（KingbaseES）、中创（InforWeb）应用服务器。

•应用对象为农业科研院所、政府农业管理、技术推广、信息服务部门，农业生产企业和规模化生产经营农户。

思考题：

1. 通过搜索引擎，找到至少 5 个关于农业技术的网站或网页。

2. 在中国农业信息网上进行注册，并在可以提供信息发布的地方发布自己感兴趣的信息。

3. 利用网络视频软件观看农业类视频教学。